AF299070

ACADÉMIE ROYALE

DES SCIENCES.

RAPPORT

Fait dans les séances des 26 septembre, 7 et 21 novembre 1825, sur un Mémoire de M. Costa, ayant pour titre : *Considérations générales sur l'épidémie qui ravagea Barcelone en 1821, et sur les mesures que notre gouvernement avait prises pour nous en garantir.*

PARIS.

DE L'IMPRIMERIE DE FIRMIN DIDOT,

IMPRIMEUR DU ROI ET DE L'INSTITUT,

RUE JACOB, N° 24.

1826.

ACADÉMIE ROYALE
DES SCIENCES.

RAPPORT

Fait dans les séances des 26 septembre 7 et 21 novembre 1825, sur un Mémoire de M. Costa, ayant pour titre : *Considérations générales sur l'epidémie qui ravagea Barcelone en 1821 , et sur les mesures que notre gouvernement avait prises pour nous en garantir.*

Au nom d'une Commission composée de MM. Portal, Duméril, Chaussier et Dupuytren, rapporteur.

IMPRIMÉ PAR ORDRE DE L'ACADÉMIE.

Messieurs,

L'Académie nous a chargés, MM. Portal, Duméril, Chaussier et moi, de faire un rapport sur le Mémoire qui lui a été lu dans la séance du 4 juillet dernier (1825) par M. Costa, et qui a pour titre : *Considérations générales sur l'épidémie qui ravagea Barcelone en 1821, et sur les mesures que notre Gouvernement avait prises pour nous en garantir.*

1

L'Académie a renvoyé à la même Commission une NOTICE qui lui a été lue dans la séance suivante (11 juillet), *au nom de MM. Costa et Lasserre, sur la proposition faite par eux de décider la question de la* CONTAGION *de la fièvre jaune et de la peste.*

Ces Mémoires sont liés l'un à l'autre par le sujet et par la communauté d'idées, de travaux et de dévouement qui existe entre les deux auteurs. Nous ne les séparerons donc pas dans ce rapport.

Ce n'est pas la première fois que l'Académie des Sciences a été entretenue de la fièvre jaune : elle est, depuis long-temps, accoutumée à entendre le nom de ce terrible fléau retentir dans cette enceinte ; depuis long-temps encore elle est accoutumée à voir ceux qui écrivent sur cette maladie soumettre leurs opinions et leurs travaux à ses lumières, ainsi qu'à son impartialité, et déja plus d'un savant rapport lui a été fait sur ce sujet important.

Le dernier de ces rapports date à peine de quelques années. Depuis ce temps plusieurs écrits ont été publiés, il est vrai, sur la fièvre jaune, et quelques controverses se sont établies entre les auteurs des deux théories que la propagation de cette maladie a fait naître ; mais aucune découverte n'est venue jeter une lumière nouvelle sur cette question ; et il n'y a, sans doute, que l'importance d'un sujet qui se rattache aux plus graves intérêts de la politique, du commerce, et surtout de l'humanité, qui puisse vous faire écouter encore un rapport sur la fièvre jaune.

Le Mémoire de M. Costa traite de la maladie qui a régné à Barcelone en 1821 ; des mesures que le gouvernement français avait prises pour en garantir notre pays, et particulièrement des cordons, des lazarets ; enfin des moyens de résoudre, par des expériences, les doutes qui existent sur les qualités contagieuses de la fièvre jaune.

Dans la Notice de M. Lasserre, la peste se trouve jointe à la fièvre jaune ; mais comme cette adjonction n'est que dans le titre ; comme elle n'est justifiée par aucun rapprochement, par aucune comparaison raisonnée, par aucune analogie préalablement établie entre ces deux maladies ; comme enfin cette adjonction n'est, en quelque sorte, qu'accidentelle, nous écarterons la question de la peste, persuadés que son intervention, non motivée, dans la discussion actuelle ne ferait qu'entraver sa marche et jeter des doutes sur ses résultats.

Nous nous dispenserons, pour les mêmes raisons, d'examiner la dernière partie du Mémoire de M. Costa, qui a pour titre : *Coup d'œil sur deux épidémies de typhus observées dans le département des Pyrénées-Orientales, pendant les années* 1821, 1822 *et* 1823.

Le Mémoire de M. Costa, et la Notice de M. Lasserre, dégagés de ces accessoires, offrent encore un assez vaste champ à la discussion ; car, comme à l'occasion de la maladie de Barcelone, ces médecins se sont jetés dans toutes les grandes questions que la fièvre jaune a soulevées, ou qu'elle a renouvelées avec plus de force, nous nous trouvons obligés aussi de jeter sur elles un coup d'œil rapide ; c'est le moyen le plus sûr d'arriver, s'il est possible, à la solution de celle qui concerne la fièvre de Catalogne.

PREMIÈRE PARTIE.
Théories sur la Propagation de la fièvre jaune.

On ne saurait soutenir avec quelque apparence de raison que la fièvre jaune qui a régné, il y a quelques années, en

Espagne, et celle qui règne encore aujourd'hui dans quelques-unes des Antilles, descendent de la première fièvre jaune observée dans ces climats, comme le dernier né descend du premier homme. Cette maladie, après avoir sévi en divers temps avec violence, s'est calmée : elle a même disparu pendant des intervalles plus ou moins longs, pour reparaître ensuite à des époques plus ou moins éloignées. L'histoire de ce redoutable fléau ne laisse aucun doute sur ce premier fait.

Si la fièvre jaune n'offre pas de filiation suivie ; si ses apparitions ont eu lieu à des intervalles irréguliers, à des époques souvent éloignées de deux, quatre, six, huit, dix ans, ou plus, il faut bien qu'à chacune de ces époques il se soit trouvé des causes capables de reproduire la maladie, sans qu'il soit possible de recourir à aucune idée de contagion.

Par une conséquence inévitable de ces premières données, on est conduit à admettre que les causes qui ont déja produit la fièvre jaune, pourront la reproduire une, deux, trois ou même un nombre infini de fois, sans qu'il soit encore nécessaire d'admettre aucune contagion : or quelles sont ces causes ?

Malgré la difficulté qu'on éprouve, d'ordinaire, dans la détermination des causes des maladies, on s'accorde assez généralement à attribuer la fièvre jaune à une température élevée ; à une humidité plus ou moins grande, provenant des pluies ou du voisinage de la mer ; à l'altération de l'atmosphère par des émanations fournies, soit par des hommes mal vêtus, mal nourris, entassés dans des lieux étroits, mal aérés et malpropres, soit par la décomposition de substances animales ou végétales, éparses à la surface de la terre, et principalement sur les rivages de la mer. L'en-

semble, où du moins la réunion du plus grand nombre de
ces causes, paraît nécessaire au développement de la fièvre
jaune, et il semble que cette maladie puisse se développer
partout où elles se rencontreront.

Ces causes n'ont nulle part autant d'activité que dans les
lieux bas et humides, situés entre les tropiques, où la fièvre
jaune règne souvent toute l'année; et dans les zones voisines,
où ses ravages commencent avec la saison des chaleurs et
des pluies, et où ils finissent avec elle.

Dans ces lieux-là même, cette terrible maladie n'attaque
pas tout le monde indifféremment. Les indigènes y sont peu
exposés; les personnes acclimatées, et celles qui l'ont déja
éprouvée, n'en sont atteintes que lorsque les causes capables
de la produire ont acquis un haut degré d'intensité : elle
exerce ses principaux ravages sur les étrangers et sur ceux qui
viennent des climats froids; parmi ceux-là encore, elle attaque de préférence l'homme dans la force de l'âge, d'un
tempérament sanguin ou bilieux, adonné à l'usage des aliments salés, épicés ou fumés; celui qui fait abus de liqueurs
spiritueuses ou de boissons froides; celui-là surtout qui se
livre à de fortes contentions d'esprit, à des passions vio-
lentes, à des affections tristes, à des exercices immodérés,
ou qui s'expose, inconsidérément, à l'humidité malsaine de
la nuit.

Toutes ces causes n'appartiennent pas tellement aux climats
chauds de l'Amérique, qu'elles ne puissent se rencontrer dans
les contrées méridionales de l'Europe, telles que l'Espagne,
le Portugal, l'Italie et le midi de la France.

Quels que soient le nombre et l'activité de ces causes, une
circonstance a le pouvoir d'annihiler ou du moins de suspendre
leurs effets; c'est un grand abaissement dans la température

ou le passage rapide d'une zone brûlante à une zone tempérée, et surtout à une zone froide.

Une fois produite, la fièvre jaune peut, sans changer de nature, se présenter de plusieurs manières : elle peut, par suite de causes propres à quelques individus, et indépendantes des localités, attaquer, séparément et en même temps, une ou plusieurs personnes, comme le feraient la pleurésie, la pneumonie. Il est peu de médecins à qui il n'ait été donné de l'observer, sous un nom ou sous un autre, jusque dans nos climats : elle est alors *sporadique,* et n'a évidemment rien de contagieux.

Elle peut, par l'effet de causes permanentes, et propres à certains climats, attaquer un plus ou moins grand nombre d'individus, séparément ou bien à la fois, et se prolonger, en se renouvelant, aussi long-temps que ces causes subsistent; c'est ce qu'on voit dans plusieurs ports des Antilles, comme la Havane, Vera-Cruz, etc. : elle est alors *endémique* ou propre aux lieux qu'elle affecte. A cet état on ne la regarde pas comme contagieuse dans ces contrées.

Elle peut enfin, par l'effet de causes accidentelles et passagères, mais qui agissent en même temps sur un grand nombre d'individus, attaquer la population d'une ville ou d'une contrée; c'est ce qu'on voit fréquemment dans plusieurs parties de l'Amérique, où la chaleur, l'humidité, l'encombrement des hommes et des animaux, à bord des vaisseaux et dans des ports étroits et malsains, où la décomposition des substances animales et végétales, rejetées par la mer sur ses rivages, renouvellent si souvent cette maladie : elle est alors *épidémique.*

Jusque-là tout le monde est d'accord ou à peu près; mais comment la fièvre jaune, née sur un individu ou sur une réu-

nion d'individus, et bornée d'abord à un point déterminé, s'é-
tend-elle successivement, et avec une rapidité effrayante, à
de grandes masses d'individus, à des villes et à des contrées
entières, à des contrées différentes et souvent éloignées
les unes des autres ? Comment franchit-elle les montagnes,
les rivières, les fleuves et les mers ? Comment et par l'effet de
quelles causes attaque-t-elle, décime-t-elle des populations
entières, heureuses et saines un instant avant son invasion ?
Voilà où commence la dissidence dans les opinions. Les uns
veulent que la fièvre jaune ne puisse se propager que par
l'effet de causes locales ou de causes accidentelles semblables
en tout à celles qui ont produit son développement primitif.
Les autres pensent que la fièvre jaune, arrivée à un certain
degré d'exaspération, se propage par les communications qui
s'établissent entre les individus affectés et ceux qui ne le sont
pas. De là sont nées deux théories qui partagent le monde
savant : l'une est la théorie de *l'infection*, l'autre est la théorie
de la *contagion*. Ces deux théories, indiquées il y a plus d'un
siècle par Quesnay, savant médecin et grand économiste (1),
ne sont rien moins qu'une subtilité ou qu'une chose oiseuse:
elles sont toutes deux le résultat de l'observation, et l'expression d'un grand nombre de faits et d'idées ; elles tiennent à
la nature du sujet, et elles se lient, ainsi qu'on le verra, aux
plus hautes conséquences.

Dans la *théorie de l'infection*, la cause première de la
fièvre jaune est l'action que des hommes réunis et entassés dans des lieux bas, étroits, obscurs et malpropres ; que
des substances animales et végétales en décomposition, exercent sur l'air ambiant, sous des latitudes et à des températures élevées. Ces émanations, reçues, conservées et concen-

____

(1) *Mémoires de l'Académie royale de Chirurgie*, *in-4°*, tome I, pages 35 et 41.

trées, en quelque sorte, dans une atmosphère bornée, qui ne se renouvelle pas, ou qui ne se renouvelle que difficilement, ne tardent pas à y produire une altération, ou, pour me servir d'une expression consacrée dans cette théorie, une INFECTION, laquelle agit sur l'homme, à la manière d'un gaz délétère, et fait naître la fièvre jaune, instantanément, en quelques heures ou bien en quelques jours, suivant la susceptibilité des individus, et suivant que l'atmosphère est plus ou moins saturée d'émanations délétères.

Les centres d'où se dégagent ces émanations sont considérés comme autant de *foyers* dont l'activité est plus ou moins grande, suivant le degré de chaleur, la nature et la quantité de matières altérables qu'ils renferment. Dans beaucoup de cas, il a suffi de quelques inspirations faites dans ces foyers pour recevoir l'infection. Leur sphère d'activité, ou la distance à laquelle ils peuvent agir, est variable, et n'a d'ailleurs jamais été exactement mesurée. M. de Humboldt rapporte que des étrangers nouvellement débarqués à la Vera-Cruz, ayant appris que la fièvre jaune régnait dans ce port, parcoururent, en litière, une partie de la circonférence de la ville, pour éviter d'en traverser le centre où la maladie sévissait, et qu'ils n'en furent pas moins atteints par la fièvre jaune, de laquelle plusieurs moururent.

Les vents peuvent, selon la direction qu'ils affectent, éloigner l'infection de certains lieux et la diriger sur d'autres. Ces foyers peuvent donc être considérés comme des marais dans l'atmosphère, et sous le vent desquels on ne saurait se trouver sans danger. Sont-ils développés à bord d'un vaisseau, ils constituent une sorte de marais flottant qui porte en tous lieux l'infection dont il est la source et le siége.

La fièvre jaune peut être contractée dans ces centres, dans leur sphère d'activité, ou sous leur vent. Hors de là, elle ne saurait se transmettre ni par les hommes, ni par les choses qui ont été à leur usage ; et si on la voit s'étendre de ville en ville, de contrée en contrée, d'un bâtiment à un autre, c'est qu'il existe, dans chacun de ces lieux, des causes analogues à celles que nous venons d'indiquer. Tels sont les principes fondamentaux de la théorie de l'infection.

L'honneur d'en avoir établi les principes et d'en avoir fait une heureuse application à la fièvre jaune, appartient tout entier à un médecin français, à M. Devèze (1), dont la pratique et les écrits, puissamment secondés par MM. Valentin (2) et Dalmas (3), ont donné naissance à une école qui prend chaque jour plus d'extension, et qui compte dans son sein d'habiles interprètes (4), et des zélateurs ardents.

Dans la *théorie de la contagion*, la maladie une fois produite, n'a plus besoin, pour se propager, de l'action des causes qui lui ont donné naissance : elle peut se reproduire par elle-même, et indépendamment de ces causes. Il se développe au-dedans de chacun des individus qui en est atteint, un *germe*, un *virus*, ou bien il se produit autour de lui une atmosphère chargée du *principe* de la maladie, et qui peut se transmettre à d'autres individus par l'intermé-

______

(1) Traité de la fièvre jaune, Paris 1820, in-8°.

(2) Traité de la fièvre jaune d'Amérique, Paris 1803, in-8°.

(3) Recherches historiques et médicales sur la fièvre jaune, Paris 1805, in-8°.

(4) MM. Nacquart, Bouneau et Sulpicy : l'un, auteur d'un excellent article sur la contagion dans le *Dictionnaire des sciences médicales ;* les deux autres, d'un écrit remarquable qui a pour titre : *Recherches sur la contagion de la fièvre jaune,* Paris 1823, in-8.

2

diaire de l'air, par le contact immédiat des personnes ou des choses dans lesquelles réside ce *germe*, ce *virus* ou ce *principe*. Cette cause de reproduction de la fièvre jaune a sans doute plus de force et d'énergie dans les lieux et au milieu des circónstances dans lesquelles la maladie est née : elle s'affaiblit, elle finit même par se détruire à la longue et sous l'influence de circonstances opposées; mais jusque-là elle peut, en se communiquant d'un individu à un ou plusieurs autres, elle peut se reproduire un nombre infini de fois, avec tous les caractères essentiels de la maladie primitive, dans des lieux bas ou élevés, humides ou secs, aérés ou non aérés, populeux ou non populeux; un abaissement subit dans la température, ou bien le passage rapide d'un climat brûlant à des climats tempérés et froids, ont seuls le pouvoir d'amortir la cruelle activité du germe de la maladie, ou de le détruire sans retour.

Cette théorie, qui date de plusieurs siècles, a été adoptée et suivie, jusqu'à ce jour, par le plus grand nombre des médecins, et elle a servi de base aux mesures sanitaires prises par la plupart des gouvernements.

Telles sont, Messieurs, les deux théories par lesquelles on explique la propagation de la fièvre jaune.

On voit, en dernière analyse, que, dans la théorie de l'infection, la cause qui produit le mal est encore celle qui le propage; que dans la théorie de la contagion, il faut d'abord admettre une cause qui produit le mal, et ensuite une autre qui le répand. On ne saurait nier qu'il existe, en faveur de la théorie de l'infection, une sorte d'unité de principes et d'action qui flatte l'esprit, et qui semble plus conforme aux lois de la nature, laquelle se montre, en général, sobre de causes et prodigue d'effets; tandis que la théorie de la contagion semble s'accorder mieux avec l'invasion inopinée, instantanée de la maladie, avec la rapidité de sa marche, et surtout avec la diversité des lieux et des personnes qu'elle attaque : mais dans l'une, on est obligé de supposer une prédisposition des lieux, que l'observation ne démontre pas toujours, une altération de l'air qu'aucune expérience ne constate ; et dans l'autre, on est obligé d'admettre un agent propagateur, dont la nature est inconnue, et dont la présence ne peut être attestée que par les résultats.

En effet, ni la physique, ni la chimie, avec leurs instruments eudiométriques si ingénieux, et leurs réactifs si sûrs, qu'ils mettent en évidence les plus petits volumes et les plus petites fractions des substances cherchées ; ni la chimie, ni la physique, n'ont encore pu faire connaître la nature ou seulement indiquer la présence des émanations dont l'air se charge dans les cas d'infection.

Nos sens, plus délicats, annoncent quelquefois cette infection : l'odorat l'indique, et il en fait pressentir les effets ; mais là se bornent ses secours : il ne saurait donner une idée de la nature des émanations qui la produisent, à moins qu'on ne veuille supposer qu'elles sont uniquement de l'espèce de celles que fournissent les corps odorants.

Pour ce qui concerne le principe de la contagion, on n'a pu, jusqu'à ce jour, indiquer ni son siége, ni sa nature. Il n'a pu être saisi, isolé, ni inoculé. Si ce principe existe, il est inconnu dans son essence, tout aussi-bien que les émanations qui produisent l'infection.

Tout est donc égal, sous ce rapport du moins, entre les deux théories : l'agent immédiat qui produit la fièvre jaune est inconnu dans l'une comme dans l'autre ; et celle des deux qui pourra donner, la première, un corps à l'agent qu'elle suppose, aura acquis, par cela même, une grande et incontestable supériorité sur l'autre, et de grands droits à la reconnaissance publique.

L'incertitude sur les principes est de peu d'importance, lorsqu'ils ont pour objet des théories qui n'ont que des rapports éloignés avec l'homme. Mais cette incertitude est une véritable calamité, qui ne saurait être trop déplorée, lorsque ces principes ont pour objet, comme dans le cas présent, les plus chers intérêts de l'humanité, la conservation de l'espèce humaine. En effet, de cette incertitude sur les qualités contagieuses de la fièvre jaune sont nées deux méthodes prophylactiques, ou de préservation, diamétralement opposées.

Suivant la théorie de l'infection, la chaleur et l'humidité ayant toujours besoin, pour produire la fièvre jaune, de matières altérables, sur lesquelles elles puissent exercer leur action, il faut, pour prévenir son développement, soustraire, par une exacte police de salubrité, ces matières à leur action délétère. La maladie s'est elle déclarée, il faut se hâter d'évacuer et d'assainir les foyers où elle exerce ses ravages, et d'en défendre rigoureusement l'entrée aux personnes saines, à celles-là surtout qui sont moins accoutumées à l'influence des causes productrices de la maladie; et comme la fièvre jaune ne saurait être transportée et communiquée, *ni par les hommes, ni par les choses*, hors des foyers où elle a été produite, toutes les mesures qui ont pour but d'y retenir des populations entières sont, non-seulement inutiles pour les populations voisines, qui n'ont rien à redouter de la liberté de ces communications, mais elles sont encore meurtrières pour celles qu'elles contraignent à vivre dans des foyers d'infection et de mort. C'est à des entraves qu'il faut attribuer, suivant cette théorie, les ravages que la fièvre jaune a exercés sur la population des villes et des contrées trop rigoureusement cernées par des cordons.

Suivant la théorie de la contagion, disséminer, sans précaution, les hommes et les choses qui sortent du foyer de la maladie, laisser aux communications une entière liberté, c'est exposer, d'une manière presque assurée, les populations environnantes à tous les ravages de la fièvre jaune. De là sont venues les irruptions de la maladie dans diverses contrées de l'Europe ; de là résulte la nécessité des cordons, des lazarets, des purifications et autres moyens préservatifs.

Tel est l'état actuel de la science sur le mode de transmission de la fièvre jaune; cet état est loin d'être satisfaisant. Une chose pourtant est propre à tempérer les regrets des amis de l'humanité; c'est l'ardeur avec laquelle chaque parti s'efforce à faire prévaloir son opinion et à l'établir sur des faits. La fièvre jaune ne saurait désormais atteindre un coin de l'Europe, sans qu'aussitôt on n'y voie accourir en foule des observateurs aussi courageux qu'éclairés. C'est ainsi que Cadix, en 1800, et Barcelone, en 1821, ont vu des commissaires, envoyés par le gouvernement français, porter des secours à ces malheureuses cités, et chercher, dans leur désastre même, les moyens d'en prévenir le retour. Barcelone a été témoin d'un spectacle plus remarquable : elle a vu un médecin français, M. Lassis, qui, pour se transporter sur ce théâtre de mort, n'a pris conseil que de son zèle, n'a cherché de ressources que dans ses moyens, et n'a reçu d'autre récompense que l'honneur d'être distingué et mentionné par vous.

Parmi ces observateurs, les commissaires français, MM. Bally, Pariset, François, et Audouard, ont cru devoir se décider pour la contagion. MM. Lassis, Piguillem, et quelques autres médecins de Barcelone, ont cru devoir prendre parti pour l'infection. Ainsi chaque opinion a eu ses représentants. Nous allons les voir s'efforcer à l'envi l'une de l'autre, de rendre raison de la maladie qui, en 1821, a ravagé la Catalogne et plusieurs provinces voisines; et comme le Mémoire dont nous vous rendons compte a pour but spécial de combattre le rapport des commissaires français, il est juste, il est indispensable même de faire connaître les principaux résultats de leurs recherches et de leur mission.

D'après leur récit (1), la température avait varié entre 19, 20, 21 et 22 degrés du thermomètre suivant Réaumur. Aucune pluie n'était venue détremper les matières végétales et animales éparses à la surface de la terre, ou sur les rivages de la mer, et prêter son dangereux secours à la chaleur. Il existait, il est vrai, des partis politiques; mais il n'y avait eu ni excès, ni désordre, ni disette, ni mauvais choix dans les aliments. La police de salubrité n'avait été ni mieux, ni plus mal faite que de coutume. On n'avait observé aucune maladie régnante; jamais, surtout, la fièvre jaune n'avait été vue ni à Barcelone, ni dans aucune contrée de la province dont elle est la capitale, si ce n'est en 1803, où des mesures promptes et énergiques l'avaient étouffée dès le principe. La mortalité n'avait subi aucun accroissement; en un mot, l'état sanitaire de la Catalogne, en général, et celui de Barcelone et de son port, en particulier, ne laissaient rien à désirer, suivant le rapport de la municipalité.

(1) Histoire médicale de la fièvre jaune, observée en Espagne, et particulièrement en Catalogne dans l'année 1821, Paris 1823, in-8°.

Telle était, d'après les commissaires français, la situation de la Catalogne, lorsque fondit tout-à-coup sur cette malheureuse province, l'épouvantable fléau qui, en moins de cent jours, moissonna le septième de la population de Barcelone, plongea le reste dans la stupeur, et éveilla les craintes de toute l'Europe.

Suivant ces commissaires, un convoi de cinquante-quatre voiles, sorti, au mois de mars, des ports de la Havane, apporta à l'Espagne, avec de grandes richesses, le germe d'une affreuse contagion.

A Barcelone, le mal partit du navire *le Grand-Turc*, très-beau bâtiment, employé d'abord à la traite des nègres sur les côtes d'Afrique, puis venu de la Havane en 61 jours, et entré dans le port de Barcelone, le 29 juin 1821; du *San Joseph* ou *Taille-Pierre*, parti de la Havane le même jour, et arrivé en même temps que le *Grand-Turc;* de la Polacre espagnole *la Nuestra Senora del Carmen*, également venue de la Havane en 73 jours, et entrée à Barcelone le 18 juillet. Ces divers bâtiments, partis des Antilles dans un temps où régnait la fièvre jaune, avaient eu à bord plusieurs malades et plusieurs morts de cette maladie. Une seconde polacre napolitaine, *la Conception*, qui n'avait pas fait le voyage des Antilles, mais dont l'équipage entretenait avec les autres bâtiments du port un commerce très-actif, porta la contagion du *Grand-Turc*, du *Taille-Pierre* et de *la Nuestra Senora del Carmen*, aux autres bâtiments de la rade; de là, elle fut bientôt après transportée et répandue à Sitjez, Salou, Villa-Seca, à Barcelonette, à Barcelone ; et de ces lieux, à Tortose, Asco, Mequinenza, Nonaspe, Fraga, Palma, Malaga et Mahon, c'est-à-dire à plus de cent lieues de Barcelone.

Il est difficile, en lisant le travail des commissaires français, de ne pas être frappé de l'ordre et de la suite des faits qu'ils rapportent; de la liaison et de l'accord qui existent entre la cause qu'ils admettent, et les effets qu'ils lui attribuent. On croit voir, avec eux, la contagion, faible et méconnue dans le principe, ne s'étendre d'abord que par de simples communications de famille, entre les équipages du *Grand-Turc* et les habitants de Sitjez, Salou, Villa-Seca, dans la plaine de Barcelone; ensuite à Barcelonette; bientôt après (15 juillet), à l'occasion d'une fête publique qui attira, sur le port ou sur la flotte, presque toute la population de Barcelone, et qui établit des communications sans nombre entre les équipages et les habitants de tout sexe, de tout âge et de toutes conditions, on croit voir le monstre de la contagion s'élancer du port dans la ville, parcourir cette dernière de maison en maison, de rue en rue, de quartier en quartier, et marquer chacun de ses pas de victimes sans nombre. Tous ceux qui se mettent en communication avec lui sont frappés, et transmettent à leur tour la maladie à d'autres avec lesquels ils communiquent. On n'évite ses atteintes qu'en se séquestrant, ou bien en s'éloignant du foyer du mal.

Mais bientôt la ville de Barcelone est trop étroite pour contenir le mal : il en sort avec les personnes qui fuient ce lieu de mort; on le voit se porter avec elles, en suivant des routes tracées par les observateurs, vers les villes et villages que nous avons indiqués, et ne cesser enfin ses ravages que lorsque ses forces sont épuisées.

Il faut en convenir, il semble, en lisant le récit effrayant que les commissaires français ont donné des désastres que la fièvre jaune a causés, que la science ait enfin trouvé le lien secret qui doit unir les causes aux effets; et qu'elle se soit emparée du fil qui doit guider à travers le labyrinthe, et conduire à la lumière.

Cette clarté n'a pourtant pas frappé les adversaires de la contagion. Ils persistent à ne voir, dans la maladie de Barcelone, que le fait d'une infection ordinaire sans contagion ; que le produit de causes locales, sans qu'il soit besoin d'admettre l'importation d'un germe invisible: suivant eux, le navire *le Grand-Turc*, et *le Taille-Pierre*, employés d'abord, sur la côte d'Afrique, à la traite des nègres, et ensuite au transport de marchandises en Espagne, sont devenus des foyers d'infection par l'effet de l'encombrement et de la malpropreté. Cette infection a manifesté d'abord ses effets sur les équipages pendant la traversée, et, après leur arrivée, sur les personnes qui sont venues imprudemment visiter ces bâtiments. La malpropreté du port, les émanations fétides et malsaines qui s'en élevaient de toutes parts, ont causé le développement de la maladie à Barcelonette et à Barcelone, et la marche de l'infection a suffisamment décelé sa cause. Les quartiers populeux, bas et malsains, ont été parcourus par elle, tandis qu'elle a respecté les lieux élevés, aérés, les rues vastes et spacieuses ; et, si elle a franchi les murs de Barcelone, c'est qu'elle a trouvé ailleurs des dispositions locales analogues à celles qui existaient dans cette ville.

Ils ne se bornent pas à expliquer comment la fièvre jaune a pu se développer et s'étendre par voie d'infection ; ils attaquent encore, sur tous les points, les partisans de la contagion: ils s'attachent à détruire leurs preuves, et à établir la théorie de l'infection sur les ruines de celle de la contagion. Ils disent que la fièvre jaune n'existait pas à la Havane, au moment où appareilla de ce port, pour venir en Europe, le convoi qu'on

3

suppose avoir transporté le germe du mal à Barcelone ; que, si ce mal a été contagieux, comme le pensent les commissaires français, il ne saurait provenir de la fièvre jaune des Antilles, qui n'est pas contagieuse, suivant le plus grand nombre des médecins qui ont eu occasion de l'observer ; que *le Grand-Turc* et *le Taille-Pierre*, qu'on suppose avoir été les conducteurs de cette maladie, avaient débarqué, savoir : le premier, vingt-quatre hommes à Cadix, le 5 juin, et le deuxième deux hommes à Carthagène, le 12 du même mois, sans que la fièvre jaune se fût manifestée dans l'un ni dans l'autre de ces ports ; que cette fièvre ne se déclara, dans le port de Barcelone, que vers les premiers jours d'aôut, trente-trois jours après l'arrivée des vaisseaux accusés d'avoir importé le mal, quatre-vingt-dix jours après leur départ des Antilles.

Ce n'est pas d'ailleurs de ces vaisseaux, mais bien de la polacre napolitaine *la Conception*, qui n'avait pas fait le voyage d'Amérique, et qui existait dans le port depuis le 23 avril, que le mal est parti. Suivant les partisans de l'infection, on trouvait une cause suffisante de ce mal dans l'insalubrité du port, déterminée par l'accumulation de toutes sortes d'immondices, dans leur altération et dans l'infection de l'air qu'elles avaient produite dès le mois de juin : ils disent qu'il y eut, en février, mars, avril, mai et juin, tant à Barcelone qu'à Barcelonette, des fièvres avec vomissements noirs, ictères et autres symptômes de la fièvre jaune ; que l'émigration des citoyens vers Salou, Sitjez, Malgrat et autres lieux, n'a été suivie du développement d'aucune affection ; et qu'on ne saurait citer un seul exemple bien constaté que la fièvre jaune ait été transmise à que lque habitant de ces communes ; que, dès le commencement de l'épidémie, plus de soixante mille personnes quittèrent leurs foyers pour se répandre dans presque toute la Catalogne, sans que le mal se déclarât nulle part; qu'au fort de l'épidémie, on voyait journellement des personnes sortir de la ville pour passer la nuit dans des maisons de campagne au sein de leur famille; que des voitures remplies de malades, de convalescents et de meubles arrivaient à chaque instant dans les villages voisins de Barcelone, sans y transmettre la contagion; qu'au sein de la ville même, dans le lazaret, dans l'hôpital du séminaire, les médecins, les sœurs, les employés de ces établissements qui avaient des rapports journaliers avec les malades, furent respectés par la fièvre jaune; que les demoiselles Doubal et Tourrière, la première âgée de dix-huit, et la seconde de vingt ans, soignèrent leur famille atteinte de la fièvre jaune, qu'elles furent témoins de la mort d'un grand nombre de leurs proches, et qu'elles furent épargnées; que dans le lazaret de la marine, où cinquante-cinq malades périrent sur soixante et quinze, du 7 août au 13 septembre, aucun des trente-deux employés ne contracta la fièvre; que dans l'hôpital du séminaire, où furent transportées dix-sept cent soixante-sept personnes, sur lesquelles douze cent quatre-vingt-treize succombèrent; de quatre-vingt-dix employés, trois seulement, c'est-à-dire un trentième, furent malades; et qu'absolument parlant, cette classe de gens, quoique plongée, nuit et jour, dans un foyer perpétuel de miasmes prétendus contagieux, a été moins maltraitée que les habitants de la ville.

Ils affirment, d'un autre côté, que les personnes qui crurent éviter la maladie en se séquestrant n'en furent pas moins atteintes; qu'un grand nombre d'individus ont reçu sur leurs vêtements, leurs mains ou leur poitrine, les matières vomies

3.

par des malades ; qu'un grand nombre d'époux, d'enfants, de proches et d'amis ont recueilli, de leurs lèvres, le dernier souffle des mourants sans devenir malades ; que plusieurs individus ont habité les appartements, ont couché dans les lits, ont revêtu le linge et les habits qui avaient été à l'usage de personnes mortes de la fièvre jaune, sans les avoir fait laver, blanchir ou purifier, et qu'il n'y a pas un exemple que les uns ou les autres aient contracté la maladie ; que s'il était vrai, d'ailleurs, que les miasmes producteurs de la fièvre jaune pussent s'attacher aux corps inertes et y conserver, pendant plus ou moins long-temps, leurs qualités malfaisantes, il n'y a pas de raison pour que la maladie ne se reproduisît sans cesse, qu'elle ne moissonnât la totalité de la population d'une ville, d'une contrée, et que l'espèce humaine elle-même ne fût bientôt anéantie par la contagion.

Passant à la nature et au siége du mal, les antagonistes de la contagion disent que les commissaires français n'ont pas été plus heureux dans la détermination de la nature et du siége de ce mal que dans celle de son principe ou de sa cause ; que c'est sans motifs suffisants qu'ils l'ont regardé comme une sorte d'empoisonnement miasmatique, dont l'action se portait sur le prolongement rachidien du cerveau ; qu'ils ont eu, surtout, le grand tort de négliger les altérations morbides qu'on rencontre dans le canal alimentaire et le foie, où le mal a évidemment son siége primitif et principal, et d'où il étend, sympathiquement, ses effets vers le cerveau et ses prolongements ; enfin, que le faux principe adopté par les commissaires français, touchant la cause et la nature de la fièvre jaune, a dû les conduire à de fausses conséquences relativement à son traitement ; qu'étant partis de l'idée qu'elle tenait à une lésion profonde du principe vital, occasionnée par une cause délétère, ils ont eu recours à des médicaments excitants, lesquels portés, par la déglutition, sur les parties affectées, ont dû augmenter la violence du mal et accroître ses dangers.

Ces assertions semblent graves, et de nature à entraîner la conviction, c'est-à-dire, à faire renoncer à toute idée de contagion. Nous n'examinerons ici que celles de ces assertions qui ont rapport au mode de propagation de la maladie; après avoir fait remarquer, toutefois, que M. Costa n'a vu ni Barcelone, ni la maladie qui a ravagé cette ville infortunée, mais qu'il a puisé, ainsi qu'il en convient, tous ses arguments dans la protestation dressée, après le départ des commissaires français, par MM. Lassis et Piguillem: ce que nous disons, non pour lui en faire un reproche, mais pour donner à ses arguments une valeur qu'ils n'auraient pas sans cela.

Quoi qu'il en soit, votre Commission, pressée entre des assertions aussi contradictoires, n'a pas hésité à demander aux commissaires français des renseignements d'où il semble résulter que les arguments que nous avons rapportés ne prouvent pas ce qu'on veut leur faire prouver; et que d'ailleurs la plupart des faits sur lesquels ils sont appuyés sont loin d'être constants.

Nous ne descendrons assurément pas dans l'examen détaillé de chacun de ces faits; nous le ferons d'autant moins, que n'ayant eu ni le temps, ni les moyens nécessaires de vérifier des assertions souvent contradictoires, nous ne pourrions qu'opposer ces arguments entre eux, sans pouvoir garantir la valeur des uns ni des autres. Nous nous bornerons à examiner ceux des faits contestés qui nous ont semblé les plus importants.

Nous écarterons le vice de raisonnement, la pétition de principe, qui consiste à établir en fait ce qui est en doute, c'est-à-dire que la fièvre jaune des Antilles n'étant pas contagieuse, elle ne saurait avoir donné lieu à la fièvre de Barcelone, s'il est vrai que cette dernière ait eu un caractère contagieux.

Mais la fièvre jaune régnait-elle ou non à la Havane, lorsque le *Grand-Turc* et le *San-Joseph* ou *le Taille-Pierre* partirent de ce port vers le mois de mars? Les commissaires français n'hésitent pas à soutenir l'affirmative. Des médecins de Barcelone, jaloux de connaître la vérité sur ce point, ont appris que vers ce temps, la fièvre jaune avait enlevé un grand nombre d'hommes parmi les matelots des navires espagnols qui devaient retourner en Europe; on leur a cité des capitaines qui s'étaient trouvés dans la dure nécessité de renouveler presqu'en entier leur équipage, et des vaisseaux qui, dans la traversée, ont eu des malades et des morts. Quant à la patente nette qu'apportaient avec eux les vaisseaux du convoi, on sait avec quelle coupable facilité on délivre des patentes de cette classe, soit dans les colonies espagnoles, soit dans les colonies françaises, soit même dans l'Espagne européenne. En 1821, des vaisseaux stationnés devant Malaga ont obtenu, à prix d'argent, des patentes nettes, quoiqu'il fût notoire qu'ils avaient des malades : la déclaration du Dr Mendoza est formelle à cet égard.

Mais si le *Grand-Turc* et le *Taille-Pierre* avaient la fièvre jaune à bord, comment ne l'ont-ils communiquée ni à Cadix, où le premier a débarqué vingt-quatre hommes, ni à Carthagène, où le second en a débarqué deux?

Sur ce second fait, une simple assertion ne doit pas l'emporter sur des pièces officielles. Or, d'après ces pièces, signées d'un grand nombre de médecins, légalisées par les autorités

locales, et contre-signées par M. le consul de France à Cadix,
il paraît constant que la fièvre jaune a été vue, en 1821, au
port Sainte-Marie, à Xérès, à Cadix, à Chiclana, à Lebrija,
à San-Lucar de Barameda ; c'est-à-dire dans tous les lieux
des environs de Cadix où elle règne pendant les grandes
épidémies. Le sentiment unanime des médecins et des autorités de toutes ces villes est que le mal est parti de la baie
de Cadix, où avaient mouillé quelques-uns des vaisseaux du
convoi parti de la Havane; et qu'ayant été puisé à cette source,
il a été répandu dans tous les lieux que nous venons d'indiquer, à la faveur des communications inévitables en pareil
cas, puis propagé ultérieurement par des muletiers, et, surtout,
par des contrebandiers, dernière espèce d'hommes dont l'in-
dustrie rend illusoires toutes les précautions.

_ Il a été impossible de savoir si le *Taille-Pierre* a débarqué
deux hommes à Carthagène ; mais on sait, par une pièce officielle, que le vaisseau *la Virgen Soles de los Angelos*, capi-
taine D. Cristoval Solers, était arrivé à Carthagène, avait été
soumis à la quarantaine d'usage, et allait être admis à *libre
pratique*, lorsqu'on fut instruit, dans cette ville, du désastre
de Barcelone. Sur-le-champ la population de Carthagène, qui
déja soupçonnait l'existence de la fièvre jaune à bord de ce
bâtiment, *se porta en foule à la maison de ville, à l'entrée
de la nuit, et demanda à grands cris que* la Virgen de los
Angelos *fût envoyée au lazaret de Mahon.*

Nous copions les paroles de M. le chargé des affaires de
France à Carthagène, témoin oculaire; puis nous lisons, dans
la relation officielle des événements arrivés au lazaret de
Mahon, que *la Virgen de los Angelos*, arrivée le 30 août 1821
au lazaret, et portant quatre-vingt-trois personnes, tant

équipage que passagers, reçut à son bord des travailleurs et des gardes de santé mahonnais ; que, sur ces travailleurs et ces gardes, il y eut quatre malades, et que ces quatre malades moururent de la fièvre jaune. Ce bâtiment pouvait-il donner cette maladie sans en avoir le principe ? et ce principe, quel qu'il soit, où l'avait-il pris ? Ce n'est point à Carthagène, puisque la maladie n'y était pas ; ni à Barcelone, puisqu'il n'y était pas allé : il avait donc ce principe en lui-même ; et ce qui est vrai de lui est ou peut l'être de tous les vaisseaux du convoi.

Il y a plus, et ici on rapporte un fait peu connu du public. Sur le bord de la Méditerranée, à quelques lieues au sud-ouest de cette même ville de Carthagène, se trouve un petit port appelé Las Aguilas, peu fréquenté par les bâtiments. Des vaisseaux pour qui les grands ports étaient fermés cherchèrent et obtinrent un asile dans celui-là. Bientôt eurent lieu les communications, et bientôt aussi la fièvre jaune fut répandue parmi les habitants. Sur une population peu nombreuse ils ont perdu soixante-dix personnes : le mal ne s'arrêta que vers les premiers jours de décembre 1821. Ce petit port ressemble à ceux qui sont distribués sur la côte des environs de Barcelone. Supposez entre ces derniers petits ports et les vaisseaux venus des Antilles des rapports aussi intimes qu'en eut Las Aguilas, il est bien probable qu'ils eussent fait des pertes aussi grandes.

Quant à ce qui est dit par MM. Lassis, Piguillem et Costa, sur la lenteur que mit la fièvre jaune à passer des vaisseaux dans Barcelonette et Barcelone, il est prouvé que, sur dix-neuf bâtiments destinés pour Barcelone (d'autres disent vingt-deux), six arrivèrent en juin 1821, et parmi ceux-là, le

Grand-Turc, qui arriva le 29; un septième venait de Porto-Cabello; onze autres arrivèrent du 1er au 25 juillet, et ce fut le 15 du même mois qu'eut lieu la fête de la Constitution, fête qui fut célébrée par des joutes sur l'eau, et attira sur les bâtiments une population fort nombreuse. Or, dès le 19 juillet, un homme du navire français *la Joséphine* fut malade : il mourut le 26, de la fièvre jaune. Avant le 26 juillet, il était mort, sur la polacre napolitaine, trois matelots. Vers la fin de juillet, des hommes, des femmes, venus des petits ports voisins de Salou, de Sitjez, de Villa-Seca, pour visiter, sur les bâtiments, quelques-uns des leurs, étaient retournés chez eux fort malades, et étaient morts rapidement. On peut consulter, sur ce fait, les actes de la junte supérieure de santé de Catalogne, actes consignés dans le journal de Barcelone, du samedi 11 août 1821. On ajoute que, dès la fin de juillet, la fièvre jaune était déja disséminée partout, mais dans des points isolés les uns des autres ; mais cachée, déguisée, ou plutôt inconnue aux malades et aux médecins eux-mêmes, ignorance si propre à favoriser la propagation d'une maladie que l'on suppose contagieuse. Et comment s'était-elle ainsi répandue ? Par les communications ordinaires, mais surtout par un genre de communication dont on n'a pas encore parlé jusqu'ici, et sur lequel se sont tus même les commissaires français : nous voulons dire les communications, presque toujours inévitables, qui ont lieu entre les matelots qui arrivent et les femmes de la plus vile espèce. Aussi, dès les premiers jours du mois d'août, le mal avait fait des progrès énormes ; et lorsque les explosions qu'il faisait eurent enfin réuni les autorités de Barcelone, dans la matinée du 4 août 1821, peut-être était-il déja sans remède :

4

à plus forte raison, lorsque les débats ultérieurs des médecins eurent entravé les mesures que l'autorité voulait prendre.

Quant aux dates si précises qui viennent d'être indiquées, on peut les vérifier par les journaux de Barcelone, et dans la relation publiée par la municipalité de cette ville, en 1822.

Venant à l'opinion qui rapporte la production de cette maladie aux immondices du port, et à l'infection qui en était la suite, les commissaires insistent sur ce que cette opinion n'est d'aucune valeur pour expliquer les faits précédents, relatifs à la fièvre jaune dans les ports de l'Andalousie, dans celui de Las Aguilas, et à bord des bâtiments reçus dans ce dernier port, stationnés devant Carthagène, et expédiés pour le lazaret de Mahon. A l'égard de Barcelone, l'opinion dont il s'agit a certainement beaucoup plus de vraisemblance; mais comment concilier l'insalubrité du port avec la santé d'environ trois cents pêcheurs qui, s'étant établis, dès le commencement de l'épidémie, dans le port même, et à quelques toises du point où se réunissent toutes les immondices de la ville, se sont maintenus là, vivant surtout de leur pêche et de quelques échanges de poisson contre du pain, de la viande, du vin, des légumes, échanges faits avec les précautions usitées toutes les fois que l'on veut se maintenir dans un isolement rigoureux ? Ces hommes ont eu cinq malades; pas un seul n'est mort; ils n'ont rien vu parmi eux qui ressemblât à la fièvre jaune, et cependant ils étaient plongés et comme assis dans la source même de l'infection. Une famille s'est nichée, à leur exemple, dans une sorte de grande loge pratiquée au pied de la grande esplanade de Barcelonette, et dans le voisinage de quelques flaques d'eau: elle s'est tenue, comme eux, dans un isolement parfait, comme eux elle était continuellement dans les vapeurs du port, et sa santé n'a pas été altérée le moins du monde. En général et même absolument parlant, tout ce qui était isolé, comme la citadelle, qui touche au port et qui est sous le vent du port, comme la prison, qui est au centre de la ville, a été préservé; et tout ce qui a été fortement ventilé, comme les lazarets, les hôpitaux, les villages, a été, non pas exempt, mais singulièrement épargné.

En revanche, les maisons closes, les chambres étroites, les alcôves surtout, voilà le théâtre des ravages du mal : il s'y propageait, s'y multipliait avec une force, avec une rapidité inconcevables. Ne serait-il pas absurde d'admettre que l'infection du port n'a point eu d'action là où elle était, pour en avoir une extraordinaire là où elle n'était pas, ou du moins là où elle était infiniment affaiblie : dans l'alcôve d'un simple particulier qui se portait bien hier, qui était toujours propre et qui n'a rien changé dans ses habitudes, ni dans les choses qui l'environnaient?

On ajoute une considération. En 1821, la chaleur à Barcelone n'avait pas excédé ses limites ordinaires, et les terres du port n'avaient pas été remuées. En 1822, la chaleur a été beaucoup plus vive, la sécheresse beaucoup plus longue, le port a été curé, les vases voisines remuées : elles ont été détachées, enlevées, voiturées; une exhalation excessivement fétide et très-étendue s'est faite, et la santé publique n'a pas été troublée un seul instant.

Pour ce qui concerne l'apparition de fièvres avec vomissement noir et ictère, quatre à cinq mois avant l'arrivée des vaisseaux américains, le docteur Lopez est le seul qui ait vu de telles fièvres, ou qui ait dit les avoir vues. Tous les

4.

autres médecins de Barcelone, même ceux de son opinion, n'ont rien vu de semblable, et ne se sont jamais avisés de cet expédient. Il est au contraire de notoriété publique que jamais la santé des citoyens n'avait été meilleure, et il faut en croire, sur ce point, la relation faite en 1822 par la municipalité de Barcelone.

Relativement à l'émigration, on conteste qu'elle se soit faite dès le commencement de l'épidémie. Ce n'est que vers le 12 septembre, et après la mort du secrétaire du chef politique, que les Barcelonais ont quitté une ville qui marchait visiblement vers sa ruine, malgré les assurances que donnaient des médecins qui, après s'être trompés sur la nature du mal, persistaient, contre l'évidence, dans leur première déclaration.

On convient que l'émigration a été salutaire, et qu'elle a produit les effets de l'isolement ; mais il n'est pas vrai que la maladie n'ait pas été portée dans les lieux voisins par ceux qui fuyaient à Sans, à Sarria, à Gracia, à Xlot, à Canet de Mar, même à Montéalegre : la maladie a évidemment passé de celui qui l'avait à celui qui ne l'avait pas ; il est vrai que cette espèce de transmission, contrariée, retardée par les courants d'air, demandait des relations, des rapprochements d'une grande intimité, comme il en existe entre les membres d'une même famille, quand les uns souffrent et qu'ils sont soignés par les autres.

Que la maladie se soit transmise difficilement dans les lazarets, les hôpitaux, on vient d'en voir la raison, et là-dessus les commissaires français accordent ce qu'il faut accorder ; mais ils soutiennent que la fièvre jaune, dans de semblables lieux, ne s'est pas bornée à ceux qui l'apportaient : tous les hôpitaux ont fait des pertes, et il en est qui en ont fait de grandes; en général, les médecins , les chirurgiens , les pharmaciens, les élèves , les infirmiers, les serviteurs ordinaires , les écrivains attachés au travail des bureaux, de même que les ecclésiastiques, toutes ces classes d'hommes aguerris de longue main contre les effluves dangereux, surtout les médecins et les chirurgiens , n'ont pas été épargnés plus que les autres classes de citoyens , ni à Barcelone ni à Mahon. Une remarque qu'il est à propos de placer ici , c'est que de toutes les professions la plus maltraitée, peut-être, a été celle des tailleurs : cent maîtres tailleurs étaient morts à Barcelone dès le commencement de novembre, et il en est qui sont tombés malades en maniant des vêtements que des malades avaient portés.

Nous l'avons déja dit , messieurs, votre Commission n'a eu ni le temps ni les moyens de vérifier tant d'assertions contradictoires ; mais au milieu de ce conflit d'opinions, un fait important, un fait capital a dû fixer son attention , et elle a dû s'y attacher, comme au seul point lumineux capable de la guider au milieu des ténèbres dont se trouve environnée la question de l'infection et de la contagion.

La fièvre jaune importée ou bien développée à Barcelone a-t-elle ou non franchi l'enceinte de cette ville , et s'est-elle ou non reproduite hors de ses murs ?

L'axiome fondamental de la théorie de l'infection est que *la fièvre jaune ne peut jamais être contractée ; qu'elle ne peut jamais être transmise hors du foyer d'infection , et que cette maladie meurt dans le foyer qui l'a vue naître.*

L'auteur du Mémoire que nous examinons a adopté ce principe, et il affirme que la fièvre jaune s'étant manifestée dans le port de Barcelone , des malades en sortirent pour se réfugier à Salou , Sitjez, Malgrat, sans que cette fièvre se manifestât dans aucun lieu (1); et immédiatement après (2): que , dès le commencement de l'épidémie , plus de soixante mille personnes abandonnèrent Barcelone pour se répandre dans toute la Catalogne , sans que le mal se déclarât nulle part. Ces assertions, claires et positives, se trouvent reproduites en cent endroits du mémoire de M. Costa : elles étaient de nature à être vérifiées, et elles l'ont été par nous. Or, le résultat de cette vérification a été que non-seulement Barcelone , mais encore beaucoup de villes et de villages de la Catalogne , ont successivement éprouvé, quoiqu'à des degrés différents, les ravages de la fièvre jaune : tels sont Tortose, Asco, Nonaspé, Fraga, Canet de Mar, Sans, Sarria, Xlot; et, hors de la Catalogne, Malaga , Palma , Mahon , Las Aguilas.

Il est vrai qu'en admettant , ce qui est d'ailleurs incontestable , que la fièvre jaune se soit développée dans tous les lieux que nous venons de citer, les partisans de l'infection peuvent expliquer ce fait de plusieurs manières : la fièvre jaune a pu se développer, dans les lieux indiqués, par l'effet de causes locales, analogues à celles qui l'ont produite à Barcelone ; les vents ont pu porter l'infection , d'un premier point sur chacun des autres points successivement. Mais pour que des causes locales aient pu produire la fièvre jaune en tant de lieux différents, il a fallu, sans doute, qu'il y eût quelque analogie entre eux : or, parmi les lieux cités, les uns, tels que Canet de Mar, Malaga , sont, il est vrai, sur

(1) Page 5.
(2) *Idem.*

les bords de la mer ; mais les autres, tels que Tortose, Asco, Nonaspé, Mequinenza, sont dans l'intérieur des terres ; si les uns sont dans des lieux bas comme Mequinenza, d'autres au contraire sont à des hauteurs très-grandes au-dessus du niveau de la mer, comme Asco.

Mais, dira-t-on, les vents ont pu porter, de proche en proche, l'infection d'un lieu à un autre, et y faire naître successivement la maladie. Cette explication, donnée, il y a déja long-temps, par un savant écrivain, par Volney, mérite quelque attention. On conçoit que les habitations et les villages placés sous le vent d'un marais, sous celui d'une ville ou même d'un vaisseau infectés, puissent recevoir, par le moyen de l'air, le germe de certaines maladies, celui d'une fièvre intermittente et même celui de la fièvre jaune.

Mais on sait que ce transport de causes et d'effets ne peut s'opérer qu'à de faibles distances ; qu'étendus et délayés dans un grand volume d'air, les éléments qui produisent l'infection doivent perdre, en moins de quelques heures et de quelques lieues, leur vertu délétère. D'ailleurs, comment l'infection, transportée par les vents, aurait-elle épargné plusieurs quartiers dans la ville même, tandis qu'elle aurait porté ses effets jusqu'à Malaga, c'est-à-dire à cent lieues de Barcelone ? comment aurait-elle pu traverser un bras de mer pour s'arrêter à Mahon, à Palma ? La direction des vents pourrait-elle rendre raison de ce phénomène ? ils ont, ajoute-t-on, soufflé constamment de l'est à l'ouest : mais d'abord, les tables météorologiques à la main, on conteste ce fait, et on soutient ensuite que la fièvre jaune s'est étendue sur des points vers lesquels ces vents n'ont jamais soufflé. On ne saurait donc admettre que l'infection et la fièvre jaune qu'on lui attribue aient été transportées par les vents.

Nous ne pousserons pas plus loin le rapprochement et la comparaison des faits, et nous nous hâtons d'arriver à la conclusion sur cette première partie du Mémoire de M. Costa.

La voici :

Votre Commission, après avoir pesé, avec la plus scrupuleuse impartialité, les faits allégués pour ou contre la théorie de la contagion et celle de l'infection ; après avoir pris en sérieuse considération les résultats que pourraient avoir des mesures qui seraient la conséquence d'une opinion prématurée ou erronée ; sans méconnaître les services incontestables que la théorie de l'infection a déja rendus, et les services plus grands qu'elle pourra rendre encore, votre Commission ne pense pas, néanmoins, que, dans l'état actuel de la science, il soit possible de déterminer, avec une certitude absolue et une entière sécurité, si la fièvre jaune est ou n'est pas contagieuse dans tous les cas. Relativement à la fièvre qui a ravagé Barcelone en 1821, votre Commission ne trouve pas non plus aux preuves empruntées par M. Costa à MM. Lassis et Piguillem, contre les propriétés contagieuses de cette maladie, l'évidence qui ne laisse aucun lieu au doute, aucune place à l'erreur. Toutefois votre Commission pense que le zèle et les efforts des auteurs et des partisans des deux théories doivent être honorés ; que le concours de leur zèle et de leurs efforts est nécessaire à la science, et que leur émulation, bien dirigée, peut seule conduire à la solution du problème de la contagion.

DEUXIÈME PARTIE.

Des mesures sanitaires conseillées dans les deux théories.

La Commission que vous avez nommée , Messieurs, pour faire un rapport sur le Mémoire de M. Costa, touchant la fièvre jaune, a exposé, dans la première partie de son travail, l'état de la science sur le mode de propagation de cette maladie, et les arguments apportés pour et contre les qualités contagieuses de celle qui a ravagé la Catalogne en 1821.

Cette Commission n'a pas cru que les preuves alléguées, dans ce Mémoire, contre les qualités contagieuses de la fièvre jaune en général, et en particulier contre celles de la fièvre de Barcelone, fussent suffisantes pour établir que cette maladie est, dans tous les cas, le produit de l'infection, et qu'elle n'est jamais le produit de la contagion.

Chargée d'examiner le Mémoire qui vous était soumis, votre Commission n'y a trouvé que les éléments d'un jugement négatif, et elle ne pouvait, sans manquer à la vérité, en faire ressortir un jugement affirmatif en faveur de l'une ou de l'autre de ces théories.

Ce résultat est la conséquence nécessaire de l'état des choses et des lacunes que présente la science. Une commission n'est heureusement pas tenue de suppléer à tout ce que la science laisse à désirer, ni de résoudre toutes les questions douteuses; mais si elle ne peut remplir ces vides, elle peut du moins les signaler et indiquer, quelquefois, les moyens de

5

les combler. C'est ce qu'a fait et ce que fera encore, par la suite, la Commission chargée de l'examen du Mémoire de M. Costa.

Ce médecin ayant, ainsi qu'on l'a vu, adopté la théorie de l'infection, et consacré la majeure partie de son Mémoire à combattre celle de la contagion, il a été conduit, par une conséquence de ses principes, à attaquer cette dernière théorie jusque dans ses applications à la salubrité et à la sûreté publiques. Et il ne conclut à rien moins qu'à *l'abrogation de toutes les mesures sanitaires* prises, jusqu'à ce moment, contre l'invasion et la propagation de la fièvre jaune.

Telle est la partie du travail de M. Costa que nous allons examiner.

Suivant les partisans de la contagion, la fièvre jaune étant éminemment communicable, il faut, sans perdre de temps, élever des barrières entre les lieux et les personnes affectés de cette maladie et ceux qui ne le sont pas; de là les cordons, les lazarets, les quarantaines et les purifications de tout genre.

Suivant les partisans de l'infection, la fièvre jaune étant due à des causes purement locales, les cordons, les lazarets, les quarantaines, etc., sont inutiles, inefficaces, nuisibles, et même dangereux; et il faut substituer à ces mesures l'assainissement et l'évacuation des lieux, la dissémination des personnes et des choses loin des foyers où l'infection s'est déclarée.

Nous n'avons assurément pas la prétention de concilier des opinions aussi évidemment inconciliables; aussi-bien n'est-ce pas dans cette intention que nous abordons l'examen des mesures prescrites, dans chacune des théories, touchant la propagation de la fièvre jaune.

Une pensée doit nécessairement dominer cette partie de la discussion. Les mesures prises en vertu de la persuasion où l'on est, depuis plusieurs siècles, de la nature contagieuse de certaines maladies, ne sauraient être abrogées qu'autant qu'il serait mathématiquement démontré que ces maladies ne sont pas contagieuses. Or, nous avons vu que cette proposition est loin d'être rigoureusement établie, qu'elle est même vivement contestée. Dès-lors nous ne saurions accorder à l'auteur du Mémoire l'abrogation de mesures prises en vertu d'un principe subsistant ; loin de là, nous pensons qu'elles devront être continuées autant de temps qu'on n'aura pas démontré, d'une manière incontestable, la fausseté du principe sur lequel elles reposent.

Cette déclaration semblerait devoir mettre fin à la discussion sur ce point ; néanmoins, tout en admettant que la théorie de l'infection laisse encore beaucoup à désirer, votre Commission croit utile de dire que cette théorie a jeté sur plusieurs points de la prophylactique de la fièvre jaune, des lumières incontestables, lumières qu'une aveugle routine pourrait seule contester. Telle est la raison qui nous engage à examiner rapidement, et en les opposant l'une à l'autre, les mesures proposées dans ces deux théories.

Et d'abord, comme dans la théorie de l'infection, il est de principe fondamental que *la fièvre jaune est toujours le produit de causes ou de dispositions purement locales*, et que *les causes qui ont produit la maladie sont encore celles qui servent à la propager*, on sent que les partisans de cette théorie ont dû diriger leurs principaux efforts vers les moyens de détruire ces causes.

Ici, nous devons en convenir, la théorie de l'infection, qui

5.

remonte aux causes premières et qui indique les moyens d'en prévenir le développement, a un avantage incontestable sur la théorie de la contagion, que ne s'occupe guère que des moyens de prévenir sa propagation.

On objectera peut-être que, quelque système que l'on adopte, on n'a dans l'un, non plus que dans l'autre, aucun moyen de s'opposer à la chaleur et à l'humidité, qui sont considérées comme des conditions essentielles à la production de la fièvre jaune; mais, ainsi qu'on l'a vu, pour que ces agents produisent une telle maladie, il faut des positions déterminées et des substances altérables sur lesquelles ils puissent agir : or, ces positions sont celles où se trouvent la Havane, la Vera-Cruz, Savanah, et beaucoup d'autres ports; celles où se trouvent encore des vaisseaux en mer, surchargés d'hommes et de matières animales ou végétales, susceptibles d'être altérées ou décomposées.

On ne peut faire, sans doute, que les villes que nous venons d'indiquer n'existent pas; mais on peut, et c'est déja un point important, on peut, en signalant l'influence de leur position sur l'origine ou le développement de la fièvre jaune qui les dépeuple, on peut empêcher qu'il n'en soit élevé par la suite dans des positions aussi mal choisies; on peut, par de sages réglements, empêcher que leur population n'excède de justes proportions dans les quartiers connus par leur insalubrité; on peut diriger les constructions vers des points plus salubres; on peut soustraire à l'action de la chaleur et de l'humidité les substances animales et végétales, qui, dans les rues, les places publiques, les ateliers, les fabriques, les aquéducs, les marais, les ports, et sur les rivages de la mer, fournissent les éléments de l'infection, et par suite de la production de la fièvre jaune ; enfin, si ces causes d'insalubrité ne pouvaient être détruites, il faudrait indiquer au commerce d'autres routes et d'autres ports. Il est à croire qu'averti par les dangers qui menacent l'existence des hommes qu'il emploie, le commerce, d'ailleurs si actif, si industrieux, et qui a cent fois changé ses routes et ses ports pour des motifs beaucoup moins importants, n'hésiterait pas, dans de telles circonstances, à se rendre aux conseils de l'expérience et à la voix de l'humanité.

Quant aux vaisseaux, s'il est vrai que la traite des nègres et le barbare amoncèlement de ces hommes infortunés dans les entre-ponts et à fond de cale soient la cause unique de la fièvre jaune, comme quelques personnes l'ont pensé, les mesures énergiques que les gouvernements ont prises contre ce trafic infame, sont tout ce que l'on pouvait souhaiter de mieux pour prévenir le développement de la fièvre jaune ; et si, comme tout porte à le croire, ce trafic n'est qu'une des causes du développement de cette maladie, les gouvernements ne pourraient-ils donc pas prescrire aux bâtiments du commerce, comme à ceux de l'état, des formes pour assurer la facile ventilation de leurs parties intérieures ; des règles sur le nombre d'hommes, sur la quantité et sur la nature des marchandises et des matières altérables que chacun pourrait recevoir ; ne pourraient-ils pas leur prescrire certaines règles d'hygiène, propres à éloigner ou bien à combattre ce danger ?

Mais admettons que la fièvre jaune soit déclarée aura-t-on recours aux cordons, aux quarantaines à bord ou dans les lazarets, suivant les cas ? ou bien fera-t-on évacuer les lieux ou règne la maladie, et laissera-t-on la population se porter librement dans toutes les directions ?

Suivant M. Costa, les cordons sont inutiles, parce que la fièvre jaune n'est pas contagieuse. Nous avons déja dit que cette assertion n'est pas rigoureusement démontrée. Ils sont insuffisants, ajoute-t-il, à cause du retard qu'on met dans leur établissement, de la facilité avec laquelle on les viole, etc. Mais ces arguments et d'autres encore ne touchent que le mode d'exécution, et ne sauraient s'appliquer à des cordons placés à temps, bien établis et bien surveillés. Ils donnent lieu, ajoute-t-il encore, à une multitude d'accidents; et ici M. Costa cite plusieurs exemples de personnes tuées ou du moins grièvement blessées, pour avoir tenté, sciemment ou non, de franchir les cordons établis, en 1823, sur les frontières d'Espagne et de France. M. Costa ne donne le nom d'aucune de ces personnes, ce qui nous met dans l'heureuse impossibilité de vérifier ces faits : ainsi donc, sans les contester et sans les admettre, nous nous contenterons de déplorer ces accidents, s'ils sont réels; mais nous dirons que, fussent-ils plus nombreux encore, on n'en pourrait rien conclure, si ce n'est le danger qu'il y a de chercher à violer un cordon et à se mettre en contravention ouverte avec une loi établie.

Mais les cordons ont, suivant M. Costa et les partisans des causes purement locales, un inconvénient bien plus grave que les accidents partiels, et d'ailleurs assez rares, que nous venons de rappeler; celui de retenir, de resserrer des populations entières dans des foyers d'infection, et de les sacrifier à des craintes purement chimériques. Cet inconvénient mérite, on ne saurait le dissimuler, la plus sérieuse attention.

Les cordons sont une barrière, un mur vivant élevé entre deux populations, dont l'une est infectée et l'autre est seulement menacée d'un mal réputé contagieux : ils doivent également prévenir la communication des lieux infectés avec ceux qui ne le sont pas, et de ceux-ci avec les autres, afin d'empêcher à la fois que le mal ne soit porté du dedans au dehors, ou qu'on ne vienne le chercher du dehors au dedans. Ainsi, ils sont utiles, ils sont nécessaires dans le système de l'infection, comme dans celui de la contagion. Mais, pour n'être pas dangereux, les cordons doivent être combinés dans l'intérêt des deux populations qu'ils sont destinés à séparer. Or, suivant les idées reçues, les cordons sont établis, surtout, dans l'intérêt de la population menacée; d'où il résulte qu'on lui sacrifie trop souvent les intérêts de la population attaquée, laquelle mérite d'autant plus d'égards que le fléau qui sévit sur elle est plus dangereux : c'est ce qui a lieu toutes les fois que les cordons sont trop resserrés, et qu'ils concentrent dans des lieux étroits et malsains une population qui, pour se débarrasser du fléau qui la décime, n'aurait souvent besoin que de s'étendre et de changer de position. On doit donc regarder comme essentiellement pernicieux et propres à accroître la violence du mal les cordons qui retiennent les populations infectées dans le foyer où elles ont reçu ou dans lequel elles peuvent recevoir le germe de l'infection. Pour être vraiment salutaires, ils doivent être placés à la plus grande distance possible des foyers du mal, et laisser entre eux et ces foyers des espaces suffisants pour que les personnes qui habitent les lieux infectés puissent les quitter et trouver, dans le cercle qu'ils décrivent, des habitations et même des promenades salubres.

L'évacuation des lieux infectés ne mérite pas une attention moins sérieuse; en effet, s'il est un fait démontré par la raison et par l'expérience, c'est que le séjour dans les lieux où la fièvre jaune existe est essentiellement pernicieux; que la cause et l'effet, multipliés l'un par l'autre, y acquièrent une activité effrayante, et que les mesures propres à les détruire, sur place en quelque sorte, sont toujours insuffisantes; qu'enfin il faut attribuer à l'obstination et aux mesures qui retiennent les citoyens d'une ville dans leurs foyers infectés les ravages du fléau, qui, suivant les temps, les lieux et les circonstances, a enlevé un dixième, un neuvième, un sixième, et, chose horrible, jusqu'au tiers et même jusqu'à la moitié de certaines populations.

On doit donc regarder comme incontestable le principe qui consiste à faire évacuer immédiatement les lieux où la fièvre jaune s'est déclarée; et tout doit être mis en usage pour obtenir cette évacuation : là, du moins, la rigueur sera toujours justifiée par son utilité.

Mais convient-il de laisser à la population qu'on éloigne de ses foyers la liberté de se répandre, indifféremment, dans toutes les directions?

Votre Commission ne le pense pas; elle croit que, dans tous les systèmes, cette dissémination pourrait avoir de graves inconvénients. Elle aurait dans le système de la contagion des inconvénients que tout le monde sent : elle en aurait encore dans le système de l'infection. En effet, cette liberté illimitée ouvrant à la foule la porte d'habitations de salubrité très-variée, son affluence dans des lieux insalubres mettrait ceux-ci dans les conditions les plus propres à la production de la maladie, dans des conditions en tout semblables à celle des lieux que la foule aurait abandonnés. Votre Commission voudrait donc qu'en faisant évacuer une ville affectée de la fièvre jaune, on assignât à la population émigrante des sites où elle devrait s'établir, et des limites qu'elle ne pourrait pas franchir : elle voudrait surtout qu'on lui assignât des habitations et des promenades dans des positions de première salubrité; et, si l'enceinte des cordons n'offrait pas de telles positions, elle voudrait qu'on obligeât la foule à camper, et à vivre sous de vastes tentes, bien exposées et bien aérées, plutôt que de la laisser libre d'aller communiquer ou produire la maladie dans des lieux insalubres.

Quant aux vaisseaux atteints de fièvre jaune, ils sont, ainsi qu'on l'a vu, les foyers les plus actifs d'infection suivant les uns, et les moyens de contagion les plus prompts suivant les autres. Mais qu'on les regarde comme des marais flottants, dont l'air empoisonné est propre seulement à infecter les lieux où ils abordent, ou comme des foyers d'où la contagion peut se répandre à l'aide de communications entre les hommes et les choses; dans les deux théories, on conseille également de les éloigner des habitations où ils pourraient transmettre la maladie, quoique d'une manière différente : mais dans la théorie de l'infection, les hommes et les choses provenant de ces foyers peuvent circuler avec la plus grande liberté, tandis que dans l'autre ils doivent être mis en sévère quarantaine. Votre Commission ne reviendra pas sur les raisons qui l'obligent à se ranger du parti des mesures conseillées contre la contagion; mais, toujours fidèle au plan d'équité qu'elle s'est tracé, elle doit faire observer que les quarantaines à bord ont tous les inconvénients reprochés aux cordons, c'est-à-dire, de laisser exposés tous ceux qui y sont retenus à l'action des foyers d'infection, et de prolonger, d'aggraver même leurs dangers pendant tout le temps que dure cette quarantaine.

6

Elle devrait donc être interdite, et on devrait ordonner, à sa place, la quarantaine à terre, dans des lieux déterminés et choisis, tels qu'il en existe dans le voisinage de plusieurs de nos ports, tels qu'on devrait en disposer dans le voisinage de tous les autres; et, dans les cas où il ne s'en trouverait pas, on devrait lui substituer la quarantaine à bord de bâtiments spacieux, d'une salubrité éprouvée, et entre lesquels serait réparti l'équipage du vaisseau soupçonné de recéler le germe d'un mal contagieux.

Nous voici arrivés aux lazarets : ces établissements, anciennement créés dans presque toutes les contrées de l'Europe, contre les invasions de la peste, ont été opposés, dans ces derniers temps, aux invasions de la fièvre jaune. Ici encore les partisans de l'infection sont contraires aux idées et aux pratiques reçues ; mais ici leurs motifs nous semblent tout-à-fait dénués de fondement : que sont en effet les lazarets?

C'est ou ce doit être des lieux de première salubrité, séparés en quelque sorte du reste de la terre, et où les personnes, placées dans un isolement parfait, n'ont rien à craindre de l'infection, et ne laissent rien à redouter de la contagion. On ne voit pas dès-lors quelles objections raisonnables on peut élever contre eux, si ce n'est, peut-être, qu'ils entravent le commerce et qu'ils rendent plus difficiles les relations entre les peuples.

Le commerce mérite de grands égards, et il faut, sans doute, éviter de lui imposer des entraves inutiles; mais qui oserait soutenir que les précautions destinées à préserver l'humanité de l'atteinte d'un fléau redoutable doivent tomber devant la crainte d'imposer quelques entraves au commerce, ou bien à la libre communication des peuples entre eux?

D'ailleurs tout ce que M. Costa allègue contre les lazarets qu'il a observés et dans lesquels il a été employé dépose bien moins de leur inefficacité, en général, que de leur mauvaise tenue ou bien de l'insuffisance des réglements destinés à gouverner ces établissements; et les observations qu'il fait à ce sujet sont plus propres à appeler l'œil de l'administration que celui de l'Académie des sciences.

La désinfection et l'assainissement sont, dans toutes les théories, une mesure de première nécessité, et qu'il faut exécuter aussitôt que les circonstances le permettent sans danger; mais cette mesure ne semble pas devoir être indifféremment confiée à toutes sortes de personnes. En effet, l'expérience ayant démontré qu'on est d'autant plus susceptible de contracter la fièvre jaune, qu'on est resté plus éloigné de l'influence des causes propres à la produire; c'est aux personnes accoutumées à l'action de ces causes, plutôt qu'à des étrangers, qu'il convient de confier le soin d'opérer cet assainissement sur terre ainsi qu'à bord: d'ailleurs on doit avoir recours à tous les moyens connus d'*aération*, de ventilation, de désinfection, d'immersion, d'irrigation, etc.

En se résumant, votre Commission croit devoir conclure de l'examen qu'elle a fait de cette seconde partie du Mémoire de M. Costa que les raisons qu'il allègue contre les mesures prises en conformité avec les idées de contagion ne sont pas suffisantes pour faire abandonner ces mesures tutélaires, ni pour leur faire substituer, dès ce moment, d'autres mesures en tout conformes à la théorie de l'infection.

Mais elle pense que cette théorie a fourni des vues précieuses sur les causes de la fièvre jaune, sur les moyens d'en prévenir le développement, d'en arrêter ou d'en modérer les

6.

progrès et les ravages : elle estime enfin qu'il est à désirer
que ces vues soient prises en considération dès ce moment,
s'il est possible, et, par la suite, lorsqu'on s'occupera d'amé-
liorer les mesures sanitaires actuellement en vigueur.

Ces conclusions sont conformes aux principes et à la pratique suivis depuis long-temps par presque tous les gouvernements de l'Europe, et récemment adoptés par plusieurs
gouvernements de l'Afrique et de l'Asie, qui, sur ce point,
du moins, ont renoncé au fatalisme, ainsi que l'a dernièrement
fait connaître, dans une notice lue à l'académie, M. Moreau
de Jonnès, dont le nom, les travaux et les écrits se lient si
honorablement à presque toutes les parties de l'histoire de la
fièvre jaune.

Nous ne donnerons pas cependant ces pratiques comme
des preuves en faveur de la contagion : elles ne peuvent indiquer autre chose sinon la conviction des gouvernements
qui les mettent en usage; néanmoins, et en ne les prenant que
pour ce qu'elles sont, pour des preuves de conviction, votre
Commission y trouve de nouveaux motifs de ne rien faire
prématurément et sans des preuves d'une évidence incontestable.

TROISIÈME PARTIE.

Des expériences proposées par M. Costa.

Après avoir combattu le principe de la contagion et les
mesures sanitaires qui en sont la conséquence, M. Costa propose, dans l'intérêt de la science et dans celui de l'humanité,
des expériences qu'il croit propres à dissiper les doutes qui
existent encore sur l'infection considérée comme cause de
la production et de la propagation de la fièvre jaune.

La proposition de M. Costa est: « Que le Gouvernement

« français soit prié de donner des ordres pour qu'on prenne,
« à la Havane ou dans tout autre lieu, actuellement ravagé
« par la fièvre jaune, des effets, tels que chemises, habits,
« draps et couvertures de lit, ayant appartenu à des indi-
« vidus morts de cette maladie; pour que ces effets, enfermés
« dans des boîtes hermétiquement closes, soient transportés
« à Marseille ou dans tout autre port; enfin pour que des
« individus en parfaite santé, reçus et enfermés dans des
« lazarets, puissent faire usage de ces effets pendant qua-
« rante jours. »

Telle est, Messieurs, la conviction de M. Costa, qu'il n'hé-
site pas à solliciter, tant en son nom, qu'au nom de MM. les
docteurs Lassis et Lasserre, auxquels se sont joints MM. Devèze, premier auteur de la théorie de l'infection, Larroque,
Flory, Sarmet aîné, Reymonet, et beaucoup d'autres médecins, le périlleux honneur de se soumettre les premiers à
ces expériences.

Avant d'aller plus loin, votre Commission éprouve le
besoin de faire remarquer ce qu'un aussi courageux dévouement doit inspirer d'admiration et de reconnaissance.
Ce sentiment, loin de s'affaiblir par les observations qu'il
est de son devoir de faire sur cette proposition, deviendra
plus vif encore lorsqu'on apprendra que le plus grand
nombre des courageux médecins dont le nom vient d'être
proclamé n'est pas seulement disposé à tenter les expériences proposées, mais encore toutes celles que l'Académie
jugerait nécessaires pour résoudre la grande question de la
contagion et de l'infection.

Maintenant, qu'il nous soit permis d'examiner ces expériences en elles-mêmes. D'abord elles ont été littéralement
proposées par MM. *Bouneau* et *Sulpicy*, auteurs d'un ouvrage

analytique extrêmement remarquable sur la fièvre jaune (1).
Ensuite ces expériences ont été faites par le docteur Walli,
lequel s'est frotté avec la chemise d'un matelot qui venait
d'expirer de la fièvre jaune, s'en est revêtu, s'est habillé et
est mort quelques jours après. Plusieurs médecins, parmi
lesquels on doit citer les membres divers de la commission
de Barcelone, ont goûté la matière du vomissement noir. Enfin le docteur Pfert de Salem, dans le Nouveau-Jersey, s'est
inoculé, de mille manières, la salive, la sueur, et même la
matière du vomissement noir de personnes affectées de fièvre
jaune : il a exposé son corps et ses organes de la respiration
au produit de l'évaporation de ces matières ; il a fait plus, il
a tenté des expériences qui inspireraient un profond dégoût,
si ce sentiment pouvait trouver place là où domine le plus
sublime dévouement : il a porté dans son estomac la matière
du vomissement noir ; il l'a ingérée à des doses variées depuis une jusqu'à huit et dix onces ; il l'a ingérée à l'état
de siccité, à l'état liquide, étendue d'eau et même pure ;
il l'a avalée enfin au moment où elle venait d'être vomie : il
a fait toutes ces choses, et il n'a éprouvé aucune incom-
modité !

Mais telle est la difficulté de faire, en médecine surtout,
des expériences convaincantes, que celles qui sont proposées
par M. Costa, celles dont Walli a été la victime, et celles
même qui ont été faites par le docteur Pfert, ont paru insuffisantes ou peu concluantes. En effet, les expériences proposées par M. Costa ne portent que sur un seul des modes
de transmission des maladies contagieuses, et on verra qu'il
en existe bien d'autres ; en second lieu, on a élevé des doutes

____

(1) Recherches sur la contagion de la fièvre jaune, ou rapprochement des faits et
des raisonnements les plus propres à éclairer cette question, Paris 1823, in-8°.

sur l'espèce de maladie à laquelle a succombé l'infortuné Walli ; et, fût-il encore prouvé qu'il est mort de la fièvre jaune, comme l'expérience qu'il a si courageusement tentée a eu lieu dans le foyer même de l'infection, il serait difficile de décider si cette maladie doit être attribuée à un principe contagieux, plutôt qu'à l'action du foyer dans lequel ce médecin était plongé. Enfin, pour ce qui regarde les expériences faites par le docteur Pfert, elles sont trop éloignées des procédés de la nature, dans la transmission des maladies contagieuses, en général, et de la fièvre jaune, en particulier, pour qu'on en puisse tirer, avec certitude, des conclusions contre la contagion. D'ailleurs ces expériences sont restées, jusqu'à ce jour, sans imitateurs ; et on sait que, pour être valables, il faut, en médecine, encore plus qu'en physiologie, que des expériences aient été souvent répétées, et qu'elles aient constamment fourni les mêmes résultats.

Cependant si les expériences de Walli et de Pfert sont insuffisantes, quelles expériences pourront donc résoudre la question de la contagion ? Votre Commission ne dissimulera ici aucune des difficultés qui attendent les observateurs et les expérimentateurs courageux et dévoués qui tenteront cette solution. Elle pense d'abord qu'ils devraient renoncer à se traîner sur les faits et les raisonnements rebattus et contestés qui font, depuis quelque temps, la base du plus grand nombre des écrits publiés sur la fièvre jaune, et qu'ils devraient chercher dans des observations et des expériences nouvelles une solution qu'on n'a pu trouver encore dans les faits existants.

Elle croit ensuite que l'histoire entière de la fièvre jaune n'est rien moins qu'inutile pour résoudre le grand problème de l'infection et celui de la contagion. Celui qui bornerait ses vues et ses recherches à quelques expériences isolées , à quelques points de la fièvre jaune, risquerait de ne donner qu'une solution partielle, incomplète et fautive, peut-être , du problème ; car, comme tout se lie , s'enchaîne et se répond dans les affections morbides, il se pourrait que tel fait, vrai dans un temps et dans un ordre donnés de choses, cessât d'être vrai dans un temps et dans un ordre de choses différents. Et pour citer quelques exemples, les temps d'une maladie ne peuvent-ils pas influer sur la faculté qu'elle a de se propager? Et quel que soit le mode suivant lequel cette propagation a lieu, n'est-il pas possible que la fièvre jaune, semblable en cela à beaucoup d'autres affections, ne se propage pas avec une égale force au commencement, au milieu et vers la fin d'une épidémie?

L'intensité, considérée abstraction faite des temps de la maladie, ne peut-elle pas influer aussi sur sa propagation, et la fièvre jaune ne se transmet-elle pas, dans certaines épidémies, avec plus de force et de rapidité que dans d'autres; lorsqu'elle est portée à un plus haut degré d'intensité, que lorsqu'elle est faible et languissante dans ses symptômes; à peu près comme on voit le venin de certains animaux, faible et peu redoutable, lorsqu'ils sont paisibles, acquérir des qualités d'autant plus dangereuses , que ces animaux sont plus excités ou plus irrités ?

Votre Commission pense en outre que ces expériences elles-mêmes seraient insuffisantes si elles ne s'appuyaient constamment sur l'observation, qui seule peut les diriger utilement et les rendre fécondes en résultats utiles; et que, pour atteindre sûrement le but, l'une et l'autre doivent être étendues à tous les faits et à toutes les circonstances dont se compose l'histoire de cette maladie.

Ce n'est pas tout : en physique, ainsi qu'en chimie, où les éléments sont le plus souvent connus, comptés et pesés, où les forces agissantes sont données, et, en quelque façon, mesurées, mille circonstances dépendantes de la température, de l'humidité, de la pression, de l'état électrique ou magnétique de l'air, peuvent faire varier, altérer ou même dénaturer le résultat d'une expérience. En physiologie et en médecine, toutes ces causes d'abord, et ensuite beaucoup d'autres qui tiennent à l'existence dans les corps vivants, de forces et de puissances étrangères aux corps inertes, introduisent dans les expériences les plus simples, en apparence, mille causes de variations, mille sources d'erreurs. On ne saurait donc, en faisant des observations et des expériences sur la fièvre jaune, déterminer avec trop d'exactitude les conditions sous lesquelles elles auront lieu, si l'on veut qu'elles soient de quelque poids dans la balance de la raison.

Il faut encore, pour être utiles, que ces expériences soient applicables, et, pour cela, il faut qu'elles imitent les procédés de la nature, au lieu de s'en écarter: on ne voit pas, par exemple, que ce soit à l'aide de l'ingestion des matières vomies par les personnes affectées, que la fièvre jaune se communique, si tant est qu'elle soit communicable, mais bien par le contact, l'air et autres moyens qui agissent sur l'extérieur.

Enfin il est facile de sentir que des expériences de même genre, faites en Amérique et en Europe, peuvent avoir des résultats bien différents. En effet, les agents, les lieux, les hommes et les choses, comparés dans ces deux parties du monde, offrent d'assez grandes dissemblances pour qu'il puisse s'en manifester dans l'action qu'ils exercent réciproquement les uns sur les autres. Qui pourrait nier que le soleil brûlant des tropiques; que l'humidité constante des rivages de la mer, que les pluies qui viennent de temps en temps prêter leur secours à la chaleur; que la décomposition des substances marines de toute espèce; que celle des résidus d'une végétation pleine de vigueur et de luxe; que les émanations fournies par le corps de l'homme lui-même, ne puissent avoir, dans ces climats, une influence autre que celle qu'ont les mêmes causes dans des climats tempérés et froids?

Parlerons-nous des hommes, et ferons-nous sentir les différences qui existent, sous le rapport de leur susceptibilité, entre les anciens et les nouveaux habitants des contrées ordinairement affectées par la fièvre jaune; entre ceux qui y sont nés et ceux qui y ont été transportés; ceux qui sont acclimatés et ceux qui ne le sont pas; ceux qui viennent des zones voisines et ceux qui viennent des zones éloignées; ceux qui viennent du Midi et ceux qui arrivent du Nord? Qui pourrait contester qu'en analysant ainsi la population de ces contrées, on ne la décomposât en éléments tellement différents entre eux, que ce serait s'exposer à de dangereuses méprises que de conclure des uns aux autres? En effet, les hommes ainsi disposés forment une sorte d'échelle de susceptibilité telle, que ceux qui sont placés au sommet semblent n'avoir rien à redouter de la fièvre jaune, tandis qu'elle exerce les plus grands ravages sur ceux qui sont placés à sa base, Qui ne voit dès-lors le danger de conclure, sans cesse, de ce qui se passe en Amérique et sur quelques individus, à ce qui doit se passer dans nos climats et sur des populations considérées en masse? D'ailleurs le même pays n'offre-t-il pas des lieux de salubrité très-variée; des lieux de première, de seconde et de dernière salubrité? et n'est-il pas possible que

l'élément de l'infection ou le germe de la contagion, transportés dans ces lieux divers, aient dans chacun d'eux des
effets très-différents? Ne serait-il pas très-inexact, et surtout
très-dangereux ; de conclure de ce qui arrive lorsque ces
causes sont importés d'un foyer d'infection ou de contagion
dans un lieu de première salubrité, à ce qui pourrait arriver si elles étaient transportées dans des lieux de moindre
salubrité?

La question ainsi agrandie offre, nous en convenons, un
champ bien vaste et bien difficile à parcourir; mais, votre
Commission doit le dire, mieux vaudrait rester dans le doute
que d'arriver, par des observations et des expériences insuffisantes ou fallacieuses, à de fausses, et par conséquent, à
de dangereuses conséquences. Que ceux-là donc qui préten-
draient à l'honneur de résoudre la grande question de l'infection et de la contagion étendent leurs vues, qu'ils élèvent
leur courage, qu'ils embrassent le sujet tout entier, et qu'ar-
més de tous les genres de savoir qu'exige la solution d'un
problème aussi compliqué, ils osent aborder les questions
multiples et diverses dont il se compose.

Ces questions se présentent en foule : les causes capables
de produire la maladie, les moyens par lesquels elle se propage, sa nature, son siége, ses préservatifs et son traitement,
réclament, presque au même degré, leurs efforts et leurs recherches.

Pour ce qui concerne les causes, sont-elles dans la situation, dans l'exposition, dans la température ou dans l'humidité des lieux; dans les effluves provenant de la décomposition des substances animales et végétales? sont-elles dans
les aliments, dans les vêtements, dans les habitudes, dans les

émanations, ou dans l'accumulation des hommes dans des lieux malsains? En d'autres termes, sont-elles *terrestres* ou dépendantes de l'état des lieux, *animales* ou bien dépendantes de l'influence des hommes les uns sur les autres?

Parmi ces causes diverses, en est-il d'essentielles, en est-il d'accessoires, en est-il de constantes, en est-il qui soient variables? Quelle est l'action de chacune de ces causes prise séparément? Quelle influence exercent-elles les unes sur les autres? quelle est leur action combinée?

La latitude est-elle, comme on le pense, une condition indispensable à l'action des causes productrices de la fièvre jaune? Quelles sont, d'après l'observation, les bornes physiques entre lesquelles elle s'est maintenue? quelles sont les limites qu'elle n'a jamais franchies? Peut-on, dès ce moment, faire une géographie physique et médicale des contrées que la fièvre jaune a ravagées? Peut-on, surtout, dresser, par analogie, une carte des lieux susceptibles d'être envahis par cette maladie?

La température est-elle une autre condition indispensable à la production de cette maladie? En admettant ce fait, comment arrive-t-il que les mêmes températures ne produisent pas constamment la fièvre jaune? Pourquoi s'est-elle déclarée à Barcelone en 1823, sous une température de 19 à 20 degrés, tandis qu'en 1824 elle ne s'est pas développée sous une température de 22 à 25 degrés? Comment se fait-il enfin qu'elle ne se soit pas manifestée dans tous les lieux où une température égale ou supérieure a été observée? et si la chaleur ne suffit pas, quelles sont les causes auxquelles elle doit être associée pour produire la fièvre jaune?

Le froid jouit, à ce qu'il paraît, de la faculté de suspendre les ravages de la fièvre jaune, soit qu'il survienne dans les lieux où elle sévit, soit qu'on se transporte dans les lieux où il règne. Mais comment et sur quoi agit-il? est-ce sur les matières altérables situées à la surface de la terre et sur les rivages de la mer? est-ce sur l'air, ou sur le corps de l'homme?

Une exposition déterminée est-elle nécessaire, est-elle indispensable à la production de la fièvre jaune? Cette maladie est-elle exactement bornée aux vaisseaux qui parcourent la surface des mers, aux îles qui s'élèvent de son sein, aux rivages baignés par ses flots; ou, comme l'un de nous, M. Duméril, l'a pensé, aux bords des fleuves qui aboutissent à la mer et qui participent, jusqu'à une certaine hauteur, aux qualités de cet élément? En un mot, la fièvre jaune est-elle une maladie propre aux surfaces et aux contrées maritimes? et quels sont les points, de cette surface et de ces contrées, les plus propres à produire cette maladie?

L'élévation et l'abaissement des lieux influent-ils sur sa production, influent-ils sur sa propagation? Cette maladie ne se déclare-t-elle jamais que dans les lieux bas? épargne-t-elle toujours les lieux élevés? ou bien se déclare-t-elle, se propage-t-elle dans les uns et dans les autres suivant les circonstances et l'intensité du mal, ainsi qu'on l'a vu à Palma, Asco, Ténériffe, etc.?

L'humidité est-elle indispensable à la production de la fièvre jaune, comme on le croit généralement? Dans ce cas, quelle est sa manière d'agir? sur quoi s'exerce son action délétère? est-ce sur le sol, sur ses produits ou sur ses habitants? Pourquoi d'abondantes pluies, au lieu de les favoriser, suspendent-elles quelquefois les ravages de la fièvre jaune? Est-ce qu'une certaine combinaison, qu'une sorte de succession de la chaleur et de l'humidité sont nécessaires au développement des effets de l'une et de l'autre ?

Les couches de l'atmosphère qui touchent à la surface et aux bords de la mer ou des fleuves qui s'y rendent sont-elles chargées d'une humidité particulière plus propre à produire la fièvre jaune que celle qui résulte des pluies ?

Les eaux stagnantes, salées, et celles qui ne le sont pas, peuvent-elles également produire la fièvre jaune ? ou bien les unes causent-elles la fièvre jaune, tandis que les autres ne causent que des fièvres intermittentes ?

Les émanations fournies par le corps d'hommes mal vêtus, mal nourris et malpropres, réunis en trop grand nombre dans des lieux humides, étroits et malsains, sont-elles indispensables à la production de la fièvre jaune ? sont-elles, comme quelques-uns le croient, la seule cause de cette maladie ? En admettant cette opinion, pourquoi la fièvre jaune ne se développe-t-elle pas dans une foule de contrées où ces circonstances se trouvent réunies et où elle est pourtant ignorée ? D'ailleurs quelle est la source, quelle est la nature de ces émanations ? quelles altérations font-elles éprouver à l'air ? diffèrent-elles suivant les aliments, l'état de santé ou de maladie ? Enfin les émanations fournies par les hommes de race noire sont-elles, plus que les émanations provenant d'hommes de race blanche, capables de produire la fièvre jaune ?

Les aliments et les boissons de nature excitante que la chaleur rend nécessaires dans certains climats développeraient-ils dans le canal alimentaire le principe de la maladie dont ce canal paraît être le siége principal ?

Mais, sans pousser plus loin l'indication des recherches à faire pour arriver à la connaissance des causes de la fièvre

jaune, abordons la *question de la propagation* de cette maladie. La fièvre jaune se propage-t-elle, comme le pensent les
contagionistes, par la communication entre les hommes et
les choses atteints ou souillés par la contagion? et, dans ce
cas, où doit-on chercher, où pourrait-on trouver le principe
contagieux ?

Dans cette opinion, le corps de l'homme, où l'on suppose
que ce principe est produit, doit, ce semble, en être le siége
et le meilleur conducteur; mais le contact est-il le moyen
plus sûr de contagion ? Les humeurs excrémentitielles ont-
elles la faculté de transmettre la maladie, et doivent-elles
être toutes placées sur la même ligne ? La matière de la perspiration pulmonaire et celle de la perspiration cutanée, sans
cesse répandues dans l'air, sont-elles la cause principale des
altérations qu'il subit? Les vêtements de corps et de lit qui
se chargent du produit de nos sécrétions ont-ils les mêmes
propriétés contagieuses que ces humeurs? Les maisons, les
vaisseaux, les meubles qui ne sont pas à l'usage immédiat du
corps, et les marchandises avec lesquelles l'homme n'a que
des rapports de contact passagers, doivent-ils être placés
au dernier rang? Les uns et les autres peuvent-ils conserver
indéfiniment les miasmes contagieux, actifs et susceptibles
de produire la contagion ? Pendant combien de temps
peuvent-ils conserver ces miasmes ? à quelle époque et comment les perdent-ils? est-il possible de les en dépouiller, et
par quels moyens ? le *chlorure de chaux* pourrait-il atteindre
ce but? Voilà autant de questions importantes à résoudre.

Dans tous les cas, la nature est loin de n'offrir qu'un mode et
qu'un moyen de communication des maladies contagieuses.
Considérées dans leur ensemble, ces maladies peuvent être

communiquées de trois ou quatre manières différentes; l'atmosphère, le contact, l'application et le frottement, l'inoculation ou l'insertion, sont autant de moyens par lesquels la rougeole, la scarlatine, la vaccine, la variole, la pustule maligne, la gale, la blennorrhagie, la syphilis et la rage peuvent être communiquées. En effet, parmi ces maladies, les unes se transmettent par l'intermédiaire de l'air, telles sont la rougeole et la scarlatine arrivées à une certaine période de leur cours; d'autres se transmettent par le contact, telle est la gale; celles-ci ont besoin du contact et du frottement, telle est la maladie vénérienne; celles-là enfin ont besoin de l'inoculation ou de l'insertion, telles sont la vaccine et la rage.

Quelques-unes ne peuvent être transmises que d'une seule manière, telles sont la rougeole et la scarlatine, la gale, la vaccine et la rage. D'autres peuvent l'être de deux ou de plusieurs manières, telles sont la syphilis et la variole qui peuvent être transmises, la première par contact, avec ou sans frottement, et par inoculation; et la seconde par inoculation, par contact et par l'intermédiaire de l'air.

Enfin les unes se transmettent par le moyen d'émanations invisibles, comme la rougeole et la scarlatine; d'autres par le moyen d'un virus matériel et apparent, telles sont la rage, la syphilis et la variole.

Et c'est en vain qu'on tenterait de transmettre la rougeole, la scarlatine ou la gale par inoculation, ou bien qu'on essaierait de transmettre la rage ou la syphilis par l'intermédiaire de l'air : chacune de ces affections a ses modes de transmission déterminés.

Or, l'on sent combien il serait absurde de nier que telle de ces maladies n'est pas contagieuse parce qu'elle ne l'est pas à la façon de telle autre. Avant donc d'affirmer que la fièvre jaune est ou n'est pas contagieuse, ne faudrait-il pas avoir tenté de la transmettre par tous les modes ci-dessus indiqués? ne faudrait-il pas encore s'être assuré qu'elle n'a pas des moyens de transmission qui lui soient propres?

En admettant qu'il n'y ait pas contagion, et qu'il y ait seulement infection ou bien altération de l'air par des causes purement locales, ces causes sont tout; l'homme n'est qu'une victime passive d'altérations dont la source est hors de lui. C'est donc dans les choses qui l'environnent, dans les circonstances qui ont amené la viciation de l'air, c'est dans cette viciation elle-même qu'il faut chercher la cause du mal. Or, quelle espèce d'altération éprouvent les matières soit animales soit végétales à la décomposition desquelles on attribue la formation des foyers d'infection? en quoi diffère-t-elle de l'altération des mêmes substances, qui, dans d'autres lieux, et dans d'autres circonstances, produit des fièvres intermittentes et autres maladies bien différentes de la fièvre jaune?

Quels sont les principes malfaisants qu'elles répandent dans l'air? quelle espèce d'altération ou de combinaison ces éléments produisent-ils dans l'atmosphère?

Cet air lui-même, rendu captif dans un appareil, dans un ballon, et transporté loin des foyers d'infection, conserverait-il ses qualités malfaisantes, et pendant combien de temps les communiquerait-il à un air pur, et dans quelles proportions?

Que l'on admette le principe de la contagion ou celui de l'infection, a quelle distance peut-il être transporté? le calme, les vents, la température, l'humidité, etc., ne doivent-ils pas influer sur ce transport? Les saillies de la terre, telles

que des coteaux, des collines, des montagnes et des bois;
des terrasses, des murs et de simples cloisons (1); les excava-
tions de cette surface, telles que des crevasses, des cavernes,
des fossés etc., et, ensuite, les bras de mer, les fleuves, les
rivières et les ruisseaux, tous ces moyens ou quelques-uns
d'entre eux seulement peuvent-ils opposer une barrière à la
propagation de la fièvre jaune, et de quelle manière chacun
d'eux fait-il obstacle à cette propagation? D'ailleurs les ver-
tus du principe qui propage le mal ne doivent-elles pas être
affaiblies, amorties, alors qu'il se trouve étendu, disséminé
dans un grand volume d'air? ses effets ne doivent-ils pas
être augmentés, alors qu'il est concentré dans un espace
étroit et dans une petite quantité de ce fluide : à peu près
comme on voit un acide ou un alcali perdre leur force,
sans cesser d'exister, lorsqu'on les étend d'une grande quantité d'eau, et retrouver toute leur énergie, lorsqu'on les con-
centre, en les débarrassant du véhicule surabondant qui sé-
parait leurs molécules; ou bien encore, pour ne pas sortir
de notre sujet, comme on voit le virus de la variole, celui
de la vaccine et le venin de plusieurs animaux perdre de leur
vertu, et cesser même de produire leur effet accoutumé,
lorsqu'on les étend, d'une trop grande quantité d'eau? Dès-
lors n'est-il pas évident qu'on ne saurait conclure sans danger, de ce qui se passe dans des lieux élevés, aérés et où

---

(1) M. Fourrier, l'un des secrétaires perpétuels de l'académie, nous a rapporté qu'au
Caire, où la peste moissonna, en 1791, quatre-vingt mille hommes, c'est-à-dire, le
tiers de la population de cette ville, les portes qui interrompaient les communications
publiques entre certains quartiers suffisaient pour arrêter les progrès de ce terrible fléau,
et pour préserver de ses atteintes ceux qui se mettaient l'abri de ce faible rempart.

l'air se renouvelle souvent, à ce qui se passerait dans des conditions opposées ?

Mais ici se présentent d'autres questions à résoudre. Un individu atteint de la fièvre jaune peut-il produire, autour de lui, une atmosphère infecte, capable de transmettre à d'autres individus la maladie dont il est atteint ? Si un individu n'a pas cette faculté, deux, trois ou un plus grand nombre d'individus atteints de fièvre jaune ne l'ont-ils pas ? Et, si cette faculté existe, de quelque nom qu'on l'appelle, est-elle autre chose que la faculté de transmettre la maladie par contagion ?

L'un de nous, M. Dupuytren, a eu fréquemment occasion de constater qu'autant de temps que, dans une salle confiée à ses soins, le nombre des malades n'excédait pas deux cents, l'air n'avait rien qui repoussât l'odorat, rien qui altérât la marche naturelle des maladies ; mais si, par l'effet de circonstances impérieuses, qui se sont fréquemment reproduites en 1814 et 1815, ce nombre venait à être élevé de 200 à 300, ou seulement à 250, à 240, 230, et quelquefois même à 220, l'air éprouvait aussitôt une altération annoncée par une odeur désagréable, nauséabonde, qui s'attachait aux malades, à leurs vêtements de corps et de lit, et jusqu'aux murs de la salle. Ce changement dans les qualités de l'air, qui n'était d'ailleurs sensible qu'à l'odorat, devenait le signal infaillible de l'apparition de la pourriture d'hôpital et de fièvres de mauvais caractère. Que si, par l'effet de circonstances opposées, le nombre des malades venait à être ramené, par degrés, à 200, on voyait, par degrés aussi, s'affaiblir et disparaître l'odeur nauséabonde de l'air, la pourriture d'hôpital et les fièvres de mauvais caractère.

8.

Un fait plus étonnant encore est que cinq ou six malades ont suffi, plus d'une fois, pour rompre le juste rapport qui doit exister entre la capacité d'une salle et le nombre des malades, et pour faire paraître et disparaître, successivement, les altérations de l'air et les effets que nous venons d'indiquer. Or, il existe des exemples bien avérés qu'à cette époque plusieurs personnes ont porté, soit dans leur domicile, soit dans le domicile d'autrui, le germe de la maladie qui régnait dans les salles infectées.

Telles sont en abrégé les recherches, les observations et les expériences à faire pour résoudre la question de la contagion et celle de l'infection ; ou bien, en d'autres termes, celle des *virus* et celle des *miasmes*. Au milieu de tant d'observations, d'expériences et de recherches, votre Commission croit devoir appeler particulièrement l'attention des observateurs sur celles dans lesquelles les procédés de la nature seraient scrupuleusement observés; sur celles dans lesquelles, par exemple, un certain nombre d'hommes du Nord, non encore acclimatés, et non encore éprouvés par la fièvre jaune, seraient placés, hors des foyers d'infection ou de contagion, dans des lieux de première, de moyenne ou de dernière salubrité, successivement, et se trouveraient, tout en conservant leurs habitudes ordinaires, en communauté d'air, d'habitation, d'aliments, d'exercices, de vêtements de lit et de corps, avec des personnes affectées de la fièvre jaune.

On sent ce que de semblables observations répétées un certain nombre de fois, sur un certain nombre de personnes, auraient d'avantages sur toutes les autres. Or, ces observations peuvent être faites, à chaque irruption de la fièvre jaune; que leur manque-t-il donc pour être décisives? C'est que les conditions sous lesquelles elles auraient lieu fussent bien déterminées, bien constatées, et que leur résultat fût avoué par des personnes d'opinions différentes; c'est, en un mot, qu'on mît dans ces grandes épreuves, d'où dépend la vie d'un si grand nombre d'hommes, les soins, l'attention et l'exactitude dont les sciences physiques et chimiques nous ont, depuis long-temps, donné le modèle.

Nous abandonnons les questions relatives à la contagion et à l'infection, pour indiquer rapidement d'autres sujets de recherches.

Les symptômes de la fièvre jaune ont été assez bien observés et décrits, pour qu'il reste peu de chose à faire sur ce point. Il serait à desirer néanmoins que l'on distinguât, avec plus d'exactitude qu'on ne l'a fait encore, les symptômes essentiels et constants de cette maladie, d'avec les symptômes accessoires et variables. Il serait important encore de déterminer si cette affection est identiquement la même dans tous les climats, ou si elle offre des différences suivant les lieux, les circonstances et les individus, et quelles sont ces différences. Enfin il serait important de déterminer s'il est des maladies qui aient de l'analogie avec la fièvre jaune; si, comme quelques personnes l'ont pensé, les fièvres bilieuses sont le premier et la peste le dernier degré d'une suite d'affections dont la fièvre jaune serait le terme moyen; en un mot, si la fièvre bilieuse, avec un degré d'intensité de plus et la peste avec un degré d'intensité de moins, pourraient également conduire à la fièvre jaune.

La détermination du siége et de la nature de la maladie devrait, par-dessus tout, fixer l'attention, et faire le sujet des recherches et des observations à tenter. Cette détermination, bien faite, peut, à elle seule, résoudre la majeure partie des questions auxquelles la fièvre jaune a donné lieu ; mais ce serait se tromper gravement de croire qu'il suffise, pour cela, de faire des rapprochements, des raisonnements ou des conjectures sur des faits déja connus. Cette importante partie de l'histoire de la fièvre jaune exige une comparaison nouvelle et rigoureuse des symptômes de la maladie avec les altérations qu'elle produit dans nos organes. Ainsi il faudrait faire des ouvertures de corps nombreuses et suivies, au commencement, au milieu et à la fin de l'épidémie, sur des individus différents d'âge, de sexe, de constitution et de condition, et, autant que faire se pourrait, à toutes les époques de la maladie ; il faudrait les répéter dans plusieurs épidémies et dans plusieurs climats, afin de voir si leurs résultats sont susceptibles de différences essentielles.

Il faudrait, dans tous les cas, déterminer s'il existe ou non des lésions organiques dans la fièvre jaune ; celles de ces lésions qui sont constantes et celles qui sont accidentelles ; celles qui sont essentielles et celles qui sont accessoires ; il faudrait comparer chaque symptôme de la maladie avec la lésion organique à laquelle il correspond, afin d'établir d'une manière certaine la liaison des causes avec les effets.

Le canal alimentaire et la matière du vomissement noir devraient être l'objet de recherches spéciales ; et l'on devrait, par exemple, s'attacher à déterminer si la fièvre jaune n'est pas une hémorrhagie intestinale, comme plusieurs circonstances portent à le penser : si, comme M. Audouard a cherché à l'établir, le *vomito negro* n'est autre chose que du sang altéré par le séjour qu'il a fait dans les intestins, ou par l'action de quelque matière acide, ainsi qu'on serait tenté de le croire à sa couleur.

Enfin, et ceci doit être le but et le dernier terme dé toutes les recherches qui ont pour objet les maladies qui attaquent l'espèce humaine, il faudrait *établir le traitement propre à combattre la fièvre jaune,* alors qu'on n'a pas pu prévenir son développement. Il n'est pas déraisonnable de penser que la solution des questions que nous avons posées, et de celles, surtout, qui concernent la nature et le siége dé la maladie, conduirait à un mode de traitement plus rationnel, et plus efficace que ceux qui ont été mis en usage jusqu'à ce jour, et qui, n'étant fondés, pour la plupart, que sur des idées hypothétiques et changeantes, n'ont offert encore rien de fixe, de raisonnable, et, partant, rien d'efficace.

En résumant ce qu'elle a dit sur cette dernière partie du Mémoire de M. Costa, votre Commission ne croit pas que les expériences proposées par ce jeune et savant médecin suffisent pour décider, sans appel, la question de la contagion; néanmoins elle les regarde comme un des moyens d'arriver à la solution de cette question, et comme le commencement d'une série d'expériences à répéter ou à faire, et par lesquelles on pourra, peut-être, décider un jour si la fièvre jaune est ou n'est pas contagieuse, et dans quels cas.

Au reste, quelle que soit l'opinion de votre Commission sur la valeur et les conséquences à tirer des expériences proposées par MM. Costa et Lasserre, elle n'a qu'une manière de voir sur le zèle et le dévouement de ces médecins, et elle pense que leurs projets de recherches et d'expériences doivent être approuvés et secondés dans tout ce qui ne serait pas contraire aux lois, et de nature à compromettre la tranquillité et la sûreté publiques.

Vous venez de voir, Messieurs, combien de doutes restent à lever, combien de choses à faire, avant qu'on puisse prendre sûrement un parti entre la théorie de la contagion et celle de l'infection. Nous ne terminerons pas ce rapport, sans appeler, un instant, votre attention sur la nécessité et sur les moyens de faire cesser un état aussi affligeant pour la science et, surtout, pour l'humanité. La fièvre jaune peut, d'un moment à l'autre, être importée ou développée en Europe, et jusque dans les contrées méridionales de la France : sans doute le gouvernement du Roi continuera, comme il l'a fait par le passé, à prendre des mesures efficaces pour écarter ce fléau, pour l'empêcher de se développer et de se propager dans nos contrées ; mais s'il arrivait que, trompant la vigilance et les soins du gouvernement, la fièvre jaune parvînt à se manifester parmi nous, on sent combien les doutes élevés sur les propriétés contagieuses de cette maladie feraient naître de perplexités, d'obstacles ou même d'opposition aux mesures commandées par le salut public : sans doute encore les hommes sages de toutes les opinions, et M. Costa lui-même, qui est médecin d'un lazaret, se soumettraient sans reserve, et sentiraient que, dans de pareilles conjonctures, il faut obéir et se contenter d'observer en silence. Mais qui empêche qu'on ne mette à profit la trève que la fièvre jaune laisse à l'Europe, et que l'on ne cherche, dès à présent, les moyens de mieux connaître ce fléau, et de s'en préserver plus sûrement à l'avenir ?

Si les recherches et les discussions auxquelles la fièvre jaune a donné lieu n'ont pas encore révélé tout ce qu'il importe de connaître sur cette maladie, elles ont du moins conduit à indiquer ce qu'il y a d'obscur dans son histoire, et à signaler les points vers lesquels doivent se porter les recherches à faire ; et peut-être, grace à ces recherches et à ces discussions, le moment n'est pas éloigné, où le voile qui couvre encore une partie de la vérité doit être déchiré.

Vous pouvez, Messieurs, hâter ce moment que les vœux et les intérêts du commerce, de la politique et de l'humanité sollicitent de toutes parts : dispensateurs éclairés de la gloire que procurent les sciences, dispensateurs aussi des trésors que la munificence de M. de Monthyon a consacrés à exciter, à récompenser les découvertes en général, et plus particulièrement encore celles qui intéressent l'humanité, vous pouvez, en secondant les vues de ce noble et généreux citoyen, vous pouvez inspirer le zèle et donner les moyens nécessaires pour résoudre cette grande question ; vous pouvez, par l'attrait d'un grand prix et l'éclat de la distinction attachée à l'honneur d'avoir rendu à la société un grand, un éminent service, vous pouvez exciter en tous lieux l'émulation des savants, et fournir aux frais des voyages, des recherches et des expériences que la solution de cette importante question rendra nécessaires. Que si les moyens pécuniaires dont vous disposez étaient insuffisants pour une aussi longue et aussi pénible entreprise, qui pourrait douter que le gouvernement du Roi ne s'empressât de la favoriser, en dotant votre prix d'une somme capable de dédommager les concurrents de leurs dépenses ?

Mais pour que le zèle ne s'égarât pas, comme il arrive trop souvent en pareille circonstance, et pour qu'il ne se perdît pas en efforts superflus, votre Commission pense qu'il faudrait indiquer, d'une manière précise, le but où devraient tendre ces efforts. Elle voudrait que l'on s'attachât à détermi-

ner, par des observations et par des expériences authen-
tiques, faites, autant que possible, concurremment, par
des personnes d'opinion différente, quelles causes donnent
lieu à la fièvre jaune; si cette maladie se transmet par
voie d'infection ou par voie de contagion; dans quels cas,
dans quels pays et sur quels individus, l'un ou l'autre de
ces modes de transmission a lieu. Elle voudrait que, suivant la manière dont cette première question sera résolue,
on déterminât, à l'aide d'expériences rigoureuses, quelles
altérations rendent l'air ou les autres intermédiaires susceptibles de produire et de propager la fièvre jaune; ou
quels sont le siége, la nature et les propriétés physiques et
chimiques du principe de la contagion. Elle voudrait que la
nature et le siége de la fièvre jaune fussent déterminés avec
précision, par l'ouverture des corps faite à chacune des époques de la maladie, au commencement, au milieu et vers
la fin de chaque épidémie, sur des individus, d'âge, de
sexe, de constitution et de pays différents. Elle voudrait,
surtout, que l'on indiquât les moyens les plus propres à
prévenir le développement de la fièvre jaune; de s'opposer
à sa propagation, de quelque manière qu'elle ait lieu, et de
la combattre avec succès, alors qu'on n'a pu s'opposer à
son développement.

Et comme tant de questions à décider, tant de difficultés
à lever, exigent un temps très-long, des recherches nombreuses, des voyages lointains, des efforts peu communs,
votre commission souhaiterait que la plus grande latitude
fût accordée à tous ceux que tenterait l'honneur de résoudre
un problème si compliqué et si important tout à la fois;
qu'il ne fût prescrit aucun terme à leurs efforts et à leurs

recherches; et que tous les ouvrages où pourrait se trouver la solution demandée fussent admis, sans distinction, au concours qu'elle vous propose d'ouvrir entre les médecins, les physiciens et les chimistes de tous les pays.

Fait à l'Académie royale des Sciences, le 21 novembre 1825.

Signé à la minute, PORTAL, DUMÉRIL, CHAUSSIER, et DUPUYTREN, *Rapporteur*.

Il s'établit au sujet de ce Rapport une discussion détaillée à laquelle plusieurs membres prennent part, en rapportant diverses observations qu'ils ont faites dans le cours de leurs voyages.

L'Académie, après avoir entendu les explications qui sont données de vive voix par M. Dupuytren, adopte les conclusions présentées, se reservant de délibérer ultérieurement sur les prix et encouragements qui pourront être offerts aux auteurs dont les recherches expérimentales contribueraient le plus à resoudre ou à éclairer les questions posées dans ce rapport.

L'Académie arrête l'impression et la publication du Rapport.

Certifié conforme,

Le Secrétaire perpétuel, Conseiller-d'État,
Commandeur de l'ordre royal de la
Légion-d'Honneur.

Signé, LE BARON CUVIER.

9 782019 251840